상상 이상
미래 세상

상상 이상

미래 세상

편석준 지음

들어가며

상상에 상상을 더해서
진짜 현실이 될 상상을 만나 봐요!

안녕하세요. 여러분과 미래를 이야기하기 위해 이 책을 쓴 편석준 작가입니다. '편 작가'라고 불러 주세요.

정보 기술과 과학의 발달로 미래에 어떤 세상이 펼쳐질지를 상상한 글과 영상물이 참 많아요. 어떤 곳에선 인간이 로봇에게 지배될 거라 하고, 또 어떤 곳에선 인류가 우주에 새로운 문명을 싹틔울 거라고 해요.

여러분은 이런 이야기들이 정말 실현될 거라고 생각하나요? 아마 대부분은 상상에 불과하다고 생각할 거예요. 여러분을 설득할 수 있는 근거가 부족하기 때문이죠. 그래서 저는 여러분이 미래 세상을 스스로 상상할 수 있는 근거를 이야기하려 해요. 실화를 바탕으로 한 소설이 더욱 재미있는 것처럼, 실제 근거를 바탕으로 상상한 미래가 더욱 흥미로울 테니까요.

그래서, 그 근거가 뭐냐고요? 바로 '특허'입니다. 세계적으로 유명한 기업들이 "언젠가는 개발하고 말 거야!" 하며 구상한 특허를 바탕으로 미래를 보여 줄 거예요. 물론 특허는 정말 실현될 수 있을지 확실하지 않고, 언제 세상에 나올지도 알 수 없어요. 특허도 기업들의 상상력에서 비롯된 것이니까요.

저는 《사물인터넷》, 《가상현실》, 《왜 지금 드론인가》, 《전기차 시대가 온다》 등 정보 기술(IT) 책도 썼지만, 《이제 내가 대장이야》와 《여섯 손가락과 토끼 손잡이》 같은 동화책도 냈어요. 그리고 정보 기술의 변화가 우리의 삶을 어떻게 바꿀지에 대해 이야기한 인문교양서 《구글이 달로 가는 길》과 소설집 《10년 후의 일상》도 출간했어요.

이러한 경험을 살려 이번엔 '아이들이 꼭 봐야 할 특허 동화'를 쓰게 되었죠. 미래를 바꿀 만한 특허를 보고 떠오른 상상을 이야기하고, 관련된 특허에 대해 구체적으로 설명해 주려고 해요. 같이 보면 좋을 또 다른 신기한 특허들도 알려 줄 거고요.

이 책을 반드시 공부하기 위해서 보지 않아도 좋아요. 과학자가 되고 싶은 친구들만 볼 필요도 없어요. 왜냐하면 미래는 우리 모두에게 공평하게 다가올 테니까요. 대신 이 책을 읽고 무엇이든 상상해 보세요. 제가 소개한 특허가 불러올 미래는 어떨지 여러분만의 이야기를 해보는 거예요. 말도 안 되는 상상도 좋고, 어쩌면 10년 후에 이루어질지 모를 만큼 현실적인 상상도 좋아요.

이 책을 읽는 여러분이 언젠가 세상을 멋지게 바꾸길 바라요. 그럼, 이제 출발해 볼까요?

차 례

PART 2 ▼

따뜻한 마음이 넘치는 인공지능 세상

PART 3 ▼

마음을 나누게 해주는 마법의 물건들

PART 4

기계와 사람이 연결된 세상

PART 1

먼 거리도 # 문제없는 신속 배달 세상!

첫 번째 이야기

정말 × 하늘에서 음식이 떨어진다면

와글와글. 육상 트랙 위에서 수많은 로봇들이 분주히 몸을 풀고 있었어요. 그리스신화에 나오는 켄타우로스처럼 얼굴에서 허리까지는 사람인데 그 아래로는 말처럼 생긴 로봇도 있고, 영화 속 히어로처럼 망토와 철 가면을 쓴 로봇도 있었어요. 또 어떤 로봇은 사람하고 똑같이 생겼고 어떤 로봇은 엔진과 카메라들을 가득 달아서 꼭 고철 거인 같기도 했죠.

켄타우로스 로봇은 앞다리를 허공에 올려 차며 승리의 기합을 넣었어요. 히어로 로봇은 어깨와 망토가 연결된 부분을 계속 문질렀어요. 아무래도 나사가 잘 조여져 있지 않았나 봐요. 바람이 불 때마다 불안하게 들썩였거든요.

킁킁. 바람에 습한 비 냄새가 섞여 있었어요. 저는 불안해졌어요. 로봇들은 비에 아주 약하니까요.

"어? 저기 민들레다!"

바글바글한 로봇들 사이로 '민들레'가 보였어요. 아, 민들레는 제가 응원하는 로봇이에요. 사람하고 똑같이 생겼는데 오른쪽 귀에 민들레 하나를 꽂고 있어요. 전 꽃을 정말 정말 좋아해요.

매일 저에게 딴지를 거는 서아는 로봇 이름이 민들레가 뭐냐고 비웃었어요. 다른 로봇들은 '갤럭시 파워 90A', '맥스 스피드'처럼 그럴듯한 이름을 가지고 있었거든요. 하지만 뭐 어때요? 제겐 민들레가 최고예요.

양쪽에 앉은 엄마, 아빠 손을 꼭 잡고 경기가 시작하기만을 기다렸어요. 이제 곧 제804회 로봇 달리기 대회가 열릴 거예요.

그런데 갑자기 아나운서의 목소리가 경기장에 울려 퍼졌어요.

"관람객 여러분, 곧 비가 내릴 것 같습니다. 그러나 관람객 여러분께서는 자리에 그대로 계시기 바랍니다. 아시다시피 우리 경기장은 비 올 때를 대비하여 투명 돔 설계가 되어 있습니다. 무엇보다 이미 환불 가능 시간이 지났으므로 안 보시면 여러분만 손해이니 그대로 경기 관람을 이어가 주시기 바랍니다."

아, 저는 왜 이렇게 운이 없을까요? 두 달 전, 잠실 밀레니엄 스타디움에서 열린 803회 경기 때는 민들레의 무릎 관절 부품이 부러지는 사고가 있었어요. 그 바람에 민들레의 경기를 볼 수 없었죠.

저는 민들레가 처음 개발되던 때부터 꼬박꼬박 투자해 왔어요. 얼마 되지 않는 용돈을 아껴 투자한 덕에 현재 저의 '민들레 투자 소유분'은 0.0000000278%로 세계에서 587,923번째로 많아요.

요즘은 로봇 운동선수에게 투자하며 응원하는 게 유행이에요. 내가 응원하는 로봇 운동선수가 계속 우승을 하고 인기도 많아지면 광고를 찍거나 우승 상금이 쌓이죠. 그러면 나는 그 수익에서 나의 소유분만큼 돈을 나누어 받아요. 만일 민들레가 1천만 원짜리 광고를 찍으면, 1천만 원에 제 소유분 0.0000000278%를 곱한 금액만큼 돈을 받는 거예요. 민들레가 우승도 많이 하고 엄청 유명해지면, 저는 부자가 되는 거라고요!

아, 흠흠. 물론 전 돈 때문에 투자한 게 아니라 그저 민들레가 좋아서 투자한 것이지만요.

추적추적. 하늘에서 비가 떨어지기 시작했어요. 하지만 저는 우산을 쓰지 않아도 하나도 젖지 않았어요. 경기장 하늘을 덮고 있는 투명한 막이 비를 막아 주고 있었으니까요.

다시 아나운서의 목소리가 경기장 안에 울려 퍼졌어요.

"30분 뒤에 경기가 시작됩니다. 그때까지 저희가 무료로 드리는 햄버거를 즐겨 보세요. 지금 스마트폰의 매점 앱에서 원하는 햄버거를 선택해 주시기 바랍니다. 만일 새우 버거를 시켰는데 치킨 버거가 왔다거나 음료가 오지 않는 등의 배달 실수가 있다면 앱 안의 '불만' 버튼을 눌러 내용을 적어 주시기 바랍니다. 모든 메뉴는 개수가 정해져 있습니다. 품절 시엔 다른 메뉴를 선택해 주세요. 아시다시피 투명 돔을 여닫는 데는 에너지 소모가 심하기 때문에 햄버거를 밖에서 추가로 들여올 수가 없습니다."

우리 가족은 새우 버거 한 개와 치즈 버거 세트 두 개를 주문했어요. 잠시 뒤 경기장 하늘에 벌룬(baloon)이 나타났어요. 벌룬의 배 부분이 천천히 갈라지더니 작은 봉투를 매단 소형 드론들이 벌떼처럼 쏟아져 나왔어요. 드론들은 질서 정연하게 움직이면서 관중석 쪽으로 날아왔어요. 엄마가 절 툭 치며 말했어요.

"준서야, 스마트워치 잘 보이게 해."

가끔 배달 드론들이 실수할 때가 있거든요. 특히나 지금처럼 사람이 많을 때는 더더욱 배달 실수가 잘 나기 때문에, 드론이 제

스마트워치의 신호를 잘 감지할 수 있게 해야 해요.

이윽고 드론 하나가 우리 가족 머리 위에 멈췄어요. 다른 사람들의 머리 위에도 하나씩 드론들이 멈췄죠. 드론들은 동시에 봉투를 매달고 있던 갈고리를 풀었어요. 그러자 봉투들은 작은 낙하산을 단 채 사람들의 무릎 위로 사뿐히 떨어졌어요. 드론들은 할 일을 마치자 다시 벌룬으로 돌아갔고 벌룬은 유유히 경기장 구석을 향해 날아갔어요.

봉투를 여니 주문한 대로 새우 버거 하나와 치즈 버거 세트 두 개가 들어 있었어요. 다만, 치즈 버거 세트에 들어 있어야 할 콜라가 두 개가 아니라 하나뿐이더라고요. 하는 수 없죠. 먹다가 목이 막히면 엄마 걸 조금 뺏어 먹어야겠어요.

맛있게 냠냠 식사를 하고 나니 드디어 경기가 시작되었어요. 흥분에 찬 아나운서의 목소리가 전보다 더 크게 울려 퍼졌어요.

"지금부터 첨단과학의 상징인 로봇들의 뜨거운 달리기 경기가 시작됩니다!"

이제 시작이에요. 나의 민들레야, 오늘 꼭 일등 해줘!

편석준 작가님의

특허 이야기

특허 이야기 1 | 하늘 위의 물건 보관소, 공중 물류 센터

이번 이야기에서 소개한 특허는 아마존의 **공중 물류 센터**(Airborne fulfillment center utilizing unmanned aerial vehicles for item delivery, US9305280) 특허예요. 공중 물류 센터의 장점은 땅 위의 복잡한 상황을

공중 물류 센터의 배달 과정

신경 쓸 필요가 없다는 점이에요. 사람이 물건을 주문하면, 배달지까지 하늘에서만 물건을 옮겨 배달하기 때문에 교통 체증도 문제없어요.

이야기에 나온 것처럼 수많은 사람이 몰리는 스포츠 행사나 콘서트가 있으면 미리 공중 위에 떠 있다가 시간이 되었을 때 배달해 줄 수도 있죠.

미래 도시를 상상한 그림에서 많이 보는 벌룬은 헬륨같이 공기보다 가벼운 가스로 채워져 있어 하늘에 떠 있을 수 있어요. 작고 빠른 드론은 배달지까지 단 몇 분 만에 도착할 수 있답니다.

벌룬 안의 모습

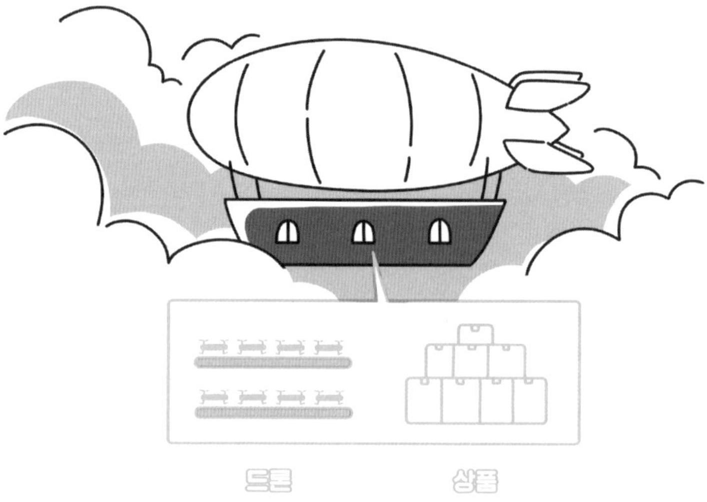

질문이 있어요!

Q1 공중 물류 센터에서 물건을 배달하려면 공중에 물건이 있어야 하나요?

A1 공중 물류 센터는 크게 세 가지로 구성돼 있어요. 벌룬 형태의 공중 물류 센터와 실제 배달을 하는 드론, 그리고 벌룬이 물건을 싣거나 반품할 때마다 지상에 착륙하지 않을 수 있게 하는 작은 크기의 셔틀 비행선이에요. 셔틀 비행선은 공중 물류 센터에서 잘 나가는 물건을 땅에서 실어와 공급하기도 하고, 잘 팔리지 않는 물건은 벌룬에서 빼 다시 지상에 가져다 놔요. 공중 물류 센터가 계속 공중에서 비행하는 데 필요한 연료도 공급하죠. 배달지까지 날아가야 하는 드론도 에너지가 필요한데, 에너지 절약을 위해 드론들은 공중 물류 센터에서 나온 뒤에는 중력의 힘으로 수직하강하다가 적절한 높이에 다다르면 모터를 작동하여 목적지로 이동해요.

Q2 공중 물류 센터에는 사람이 없나요?

A2 공중 물류 센터는 기본적으로 땅 위의 관제 시스템에서 조종하는 무인 시스템이에요. 그러나 필요에 따라 조종사가 탑승할 수도 있어요. 또 조종사 외에 일할 사람이 탈 때도 있어요. A1 에서 말한 셔틀 비행선이 인간 근로자의 출퇴근을 담당해 줘요.

Q3 비행기와 충돌할 수도 있지 않을까요?

A3 항공기와의 충돌을 막기 위해 땅 위의 관제소는 민간 항공기 관제 시스템과 연계하여 공중 물류 센터를 운영해요. 그리고 보통 항공기들은 10km 이내의 고도에서 비행하는데 공중 물류 센터는 그보다 높은 13km 정도의 고도에서 비행을 하기 때문에 충돌을 방지할 수 있어요.

Q4 애드벌룬이란 건 들어 봤는데, 무슨 상관이 있나요?

A4 벌룬은 큰 풍선이고, 애드(ad)는 광고란 뜻이에요. 높은 빌딩 옥상에 보면 큰 광고판이 있잖아요. 그것과 비슷하게 예전에는 광고 문구가 인쇄된 큰 풍선을 공중에 띄워 광고하기도 했어요. 공중 물류 센터도 기본적으로 물류 센터 역할을 하지만, 바깥에 광고판을 붙일 수 있어요. 아마존은 이 부분도 빼놓지 않고 특허 안에 넣어 두었답니다.

특허 이야기 2 | 물속도 가능해요, 수중 물류 센터

아마존은 공중 물류 센터뿐 아니라 **수중 물류 센터**(Aquatic storage facilities, US9758302)도 특허를 냈어요. 공중 물류 센터는 땅 위의 교통 체증 때문이라지만, 수중 물류 센터는 왜 만들려고 하는 걸까요?

아마존은 세계 최대의 온라인·모바일 상거래 회사예요. 하지만 아무리 아마존이라도 계속 물류 센터를 짓는 건 힘에 부치는 일이에요. 신기술을 도입해 효율적으로 물류를 관리하고 있지만 전 세계 고객들이 원하는 상품을 거의 무한대로 신속하게 제공하는 것은 어려운 일이죠.

아마존은 특허를 받는 과정에서 이러한 힘겨움과 한계점을 밝혔어요. 2015년에 미국 시애틀 남쪽에 약 264만㎡ 규모의 거대 물류 센터를 짓고 1,200명 규모의 인력과 최첨단 로봇을 활용해 상품을 실어 나르고 있지만, 그래도 여전히 배송에는 역부족이라고 말이죠.

그래서 이런 아이디어를 생각해 낸 거예요. 굳이 많은 돈과 노력을 들여 새로 물류 센터를 짓지 않고 우리 주변에서 쉽게 찾을 수 있는 자연환경을 활용해 보자는 거였죠. 그중에서도 도시 안에 있는 호수와 연못을 활용하면 배달을 더욱 빨리 할 수 있을 거라고 보았어요. 흐르는 물을 이용하는 것이 자동차로 배달하는 것보다 빠를 테니까요. 차가 막힐 염려도 없고요. 게다가 물속에 물류 센터를 지으면 인건비도 많이 줄일 수 있고 여러 가지 기계와 설비도 필요 없게 되겠죠. 다만 사람들이 일자리를 잃게 된다는 안타까운 점은 있을 거예요.

질문이 있어요!

Q1 어떻게 물건을 물속에 보관하나요?

A1 물건을 물속에 넣을 때는(물류 센터 입고) 사람이 넣을 수도 있고, 로봇이 할 수도 있고, 선박이나 잠수정이 할 수도 있고, 혹은 트럭이나 드론이 할 수도 있어요. 문제는 정해진 곳에 물건을 정확히 넣어야 한다는 것이겠죠? 그래야 나중에 찾기 쉬울 테니까요. 또 물건을 잘 포장하는 일도 중요해요. 방수가 되어야 하고, 컴퓨터 장치도 들어 있어야 해요. 그래서 필요한 게 '깊이 조절 장치(depth control cartridge)'예요. 깊이 조절 장치에는 무게를 조절하는 장치(ballast)와 밀도를 조작하는 장치(bladder, 팽창/축소 조정)가 있어, 정해진 물속 위치에 물건을 보관할 수 있어요.

제품을 수중 물류 센터에 보관하는 모습

Q2 물건을 꺼낼 때마다 잠수부가 내려가야 하나요?

A2 배송을 위해 물건을 꺼낼 때는 재미있는 방법을 써요. 음향신호(acoustic signal)를 제품에 보내 물 위로 제품을 떠오르게 만드는 거죠. 물건 포장재의 컴퓨터에는 음향 수신기가 설치되는데, 정해진 음향신호를 받으면 깊이 조절 장치를 이용해 물 위로 물건을 떠오르게 해요. 그러면 인공적으로 만들어진 물살을 통해 제품이 지정된 장소, 예를 들어 호수의 가장자리까지 오게 되고, 그때 물건을 물에서 건져 트럭이나 수송 차량에 실어 배달합니다.

음향신호를 이용해 물속 물건을 떠오르게 하는 모습

두 번째 이야기

나 홀로 기차에

방금 전만 해도 나는 잠이 덜 깨 졸린 눈을 비비며 창밖의 눈 덮인 알프스를 구경하고 있었어. 나는 아빠 회사에서 만든 '세계로 가는 기차'를 타고 전 세계를 여행 중이거든. 원래 타기 힘든 기차인데 아빠가 회사에 특별히 부탁해 주신 덕에 여름방학 내내 기차 여행을 할 수 있었어.

세계로 가는 기차는 전 세계를 돌아다니며 물건을 배송하는 기차야. 이 기차 덕에 사람들은 집에서 물건을 주문하면 30분 안에 배달받을 수 있어. 기차가 멈추지 않고 전 세계 곳곳 수많은 집 주변을 돌아다녀서 가능한 일이지. 빈 택시가 승객을 태우기 위해 도로를 돌아다니는 것과 비슷한 거야.

세계로 가는 기차는 108개의 기차 칸으로 연결돼 있어. 주문이 들어오면 그 물건이 있는 각 기차 칸의 지붕이 열리면서 드론이 발사돼. 드론은 주문받은 물건을 싣고 주문자의 집 앞까지 배달해 주지. 배달을 마친 드론은 원래 탔던 기차가 아니라 그다음 번에 오는 기차에 착륙해. 현재 1,000대의 세계로 가는 기차가 세계를 돌아다니고 있기 때문이지. 드론은 기차 안에서 배터리를 충전하고 고장을 수리해. 드론 수리는 멋진 공구를 자유자재로 꺼내어 쓰는 로봇 팔이 해줘.

물건을 배달해 주는 기사분들과 배달 트럭은 벌써 옛날에 사라졌어. 그럼 우리 아빠는 이 기차에서 뭘 하냐고? 아빠는 세계로 가는 기차 369호를 조종하는 기관사이셔. 하지만 기차 안에서 딱히 하는 일은 없으시지. 조종은 인공지능 시스템이 알아서 하거든. 아빠는 그저 기차 지붕의 나사가 풀리면 조여 주는 일 정도만 하셔.

그런데 이 대단한 기차에 문제가 생겼어. 기차 맨 꼬리 칸이 앞 차와 끊어진 채 거꾸로 달리기 시작한 거야. 그리고 더 큰 문제는 그 마지막 기차 칸에 나 혼자 있었다는 거지! 맞아. 난 지금 홀로 거꾸로 가는 기차에 타 있어!

이를 어쩌지? 나는 이제 어디로 가는 걸까? 이러다 뒤에 오던 또 다른 세계로 가는 기차와 부딪히는 거 아냐? 나는 서둘러 아빠를 찾았어.

"아빠! 어디 있어요?"

그때 천장에 있는 안내 방송 스피커로 아빠의 목소리가 들려왔어.

"차차야, 무서워하지 말고 잠깐만 기다려. 아빠가 회사에 연락해서 얼른 구해 줄게!"

아빠는 애써 침착하게 말하려고 하셨지만, 난 느낄 수 있었어. 아빠 목소리가 떨리고 있다는 걸.

덜컹거리는 진동에 침대 위의 '곰돌이'가 야옹야옹 하고 울었어. 곰돌이는 내가 키우는 고양이인데 꼭 아기 곰같이 통통해서 곰돌이라고 불러. 곰돌이에게 다가가 머리를 쓰다듬으며 진정시키는데 다시 아빠의 목소리가 들렸어.

"차차야, 텔레비전 켜봐. 끄지 말고 계속 켜놔야 해."

아빠 말대로 텔레비전을 켜니 좋아하는 만화가 나왔어. 하지만 내용이 하나도 눈에 들어오지 않았지. 진동이 점점 더 심해지는 게 온몸으로 느껴졌거든.

시간은 점점 흘러갔어. 켜 놓은 텔레비전엔 계속 만화만 나오고 있었고, 아빠는 깜깜무소식이었지. 나는 깜빡 졸기까지 했어. 빠른 기차의 속도에 어느새 익숙해졌나 봐. 내가 원래 이렇게 침착하고 용감한 애였나?

아무튼, 그렇게 3시간이 흘렀어. 드디어 텔레비전에 만화 대신 뉴스 속보가 나왔지. UFO 방송국의 잘랑말랑 까비 아나운서 아저씨가 심각한 얼굴을 하고 있었어. 아저씨 얼굴이 꼭 우리 곰돌이처럼 통통해 보였어.

“전 세계 시청자 여러분, 안녕하세요. UFO 방송국의 잘랑말랑 까비입니다. 세계로 가는 기차에 홀로 남겨져 거꾸로 달리고 있는 대한민국의 12세 어린이 차차 군에 관한 속보입니다. 지금 차차 군이 탄 기차는 시속 300km의 속도로 거꾸로 달리고 있는데요. 전문가들의 분석에 따르면 차차 군이 탄 기차는 무슨 일이 있어도 21시간 안에 멈추어야 합니다. 우선 뒤따라오는 기차들의 경로를 수정했기 때문에 서로 부딪히지는 않겠으나, 21시간 후 차차 군이 탄 기차는 프랑스 국경에 이르게 됩니다. 그때도 기차가 멈추지 않는다면 국경 끝에 위치한 절벽에서 바다로 떨어지게 되죠.”

잘랑말랑 까비 아저씨가 이마의 땀을 한 번 닦았어. 손등에서

물이 뚝뚝 떨어지는 게 보였어.

“한국 정부와 각국 전문가들이 지난 3시간 동안 끝장 토론을 벌여 대책을 세워 보았지만 마땅한 아이디어를 내지 못했다고 합니다. 그래서 전 세계 시민들에게 도움을 요청했습니다. 여러분, 차차 군의 기차를 멈출 가장 안전하고도 실현 가능한 아이디어를 방송국 SNS로 보내 주십시오. 가장 우수한 아이디어 10개가 모이면 차차 군과 가족들에게 전달할 예정입니다. 최종 결정은 차차 군이 직접 할 것이며, 결정 즉시 세계로 가는 기차의 운영사와 한국 정부가 구출 준비를 시작할 것입니다. 여러분, 이제 21시간밖에 남지 않았습니다.”

나 때문에 세상이 발칵 뒤집혔어. 기차에 아이 혼자 재운 게 문제다, 인공지능이 이렇게 인류에게 위협적인 존재다, 애초에 세계로 가는 기차를 만들지 말았어야 한다 등등 어른들끼리 서로 다투었고 인터넷 댓글도 난리였지.

텔레비전에는 드론이 공중에서 찍은, 외로이 달리는 한 칸짜리 기차가 나오고 있었어. 저렇게 빨리 달리는 기차 안에 지금 내가 타 있단 거지? 자막으로 이 기차가 치타보다 3배 빠르다는 설명이 떴어.

나는 자리에서 일어나 커튼을 젖히고 손을 흔들었어. 그러자 텔레비전에 내가 손을 흔드는 모습이 실시간으로 보이는 거 있지?

참 신기한 광경이었지만 너무 빠르게 지나가는 풍경에 멀미가 날 것 같아 금세 침대로 돌아와 앉았어. 그리고 또 긴 기다림이 이어졌어. 날 구출할 아이디어가 전 세계에서 몇 백만 개가 쏟아졌지. 그중 가장 좋은 걸 선별하는 데도 시간이 많이 걸렸어. 나는 만화를 보다가, 과자를 먹다가, 잠을 자다가, 밖을 보다가 끝내 아빠 생각에 눈물이 났어. 아빠의 기차는 지금쯤 알프스를 넘어 이탈리아로 가고 있겠지?

아빠를 생각하자 때마침 아빠의 다급한 목소리가 스피커에서 들려왔어.

"차차야, 텔레비전 켜놓고 있지? 기차를 멈출 아이디어 10가지를 추렸어. 곧 텔레비전으로 알려 줄 거야. 이제 시간이 약 한 시간밖에 안 남았구나. 결정은 차차 네가 해야 해. 힘들겠지만 정신 똑바로 차리고 잘 생각해 보렴!"

아빠의 말이 끝남과 동시에 텔레비전에 다시 까비 아저씨가 나타났어.

"자, 다시 스튜디오입니다. 오늘 온 종일 전 세계 시민들로부터 차차 군을 구할 아이디어를 모았습니다. 아이디어를 보내 주신 모든 분들께 감사드립니다. 전문가들은 이 중 10가지 아이디어를 선별했습니다."

흥미진진한 배경음악이 깔린 것도 아닌데 나도 모르게 손을 꾹 쥐었어. 잘랑말랑 까비 아저씨도 연신 손수건으로 이마를 훔쳤지.

"차차 군도 듣고 있죠? 지금부터 선정된 10개의 구출 아이디어를 설명하겠습니다. 차차 군은 이 중 하나를 선택해야 합니다. 물론 가족의 의견을 참고할 수는 있지만 '인공지능 시스템에 오류가 생기면 피해를 받은 사람이 결정해야 좋지 않을까 법'에 따라 최종 결정은 차차 군이 해야만 합니다. 인공지능 오류로 발생한 일이기 때문에 어쩔 수가 없습니다."

나는 화면에 조금 더 집중했어. 먼저 첫 번째 아이디어의 설명이 나왔어.

첫 번째는 기차 양쪽에 같은 극의 거대한 자석을 설치해 멈추는 방법. 자석은 N극과 S극이 있는데, 다른 극끼리는 서로를 끌어당기고 같은 극(N극과 N극, 또는 S극과 S극)끼리는 서로를 밀어내잖아. 그러니까 기차 양쪽 벽에 같은 극을 붙여 두면, 밀어내는 힘 때문에 그 사이를 통과하는 기차는 그대로 멈출 거야. 하지만 양쪽 자석의 힘 세기가 조금이라도 다르면 힘이 약한 자석 쪽으로 기차가 튕겨 나가겠지. 그리고 만약에 실수로 서로 다른 극의 자석을 붙이기라도 하면 벽들은 서로를 끌어당기고 그 사이에서 기차는 산산조각 날 거야!

패스.

두 번째 아이디어는 기차가 얕은 호수 쪽으로 가게끔 임시 레일을 까는 방법. 기차가 물에 잠기면 더는 달릴 수 없을 것이고 그때 구조대가 즉시 나를 구한다는 거지. 하지만 기차의 문을 제때 열지 못하면 난 숨 막혀 죽을 거 아니야?

패스.

세 번째, 기차 위로 헬리콥터가 날아와 거대한 풍선과 연결시키는 방법. 기차 칸 지붕에 풍선 끄트머리의 고리를 연결하면 풍선을 타고 기차가 레일을 벗어나 둥둥 뜰 테니까. 그런데 근처에 뾰족한 송신탑이나 키 큰 소나무가 있으면? 풍선이 찢어지잖아!

패스.

네 번째, 전투기가 거대한 그물을 기차 위로 던져 공중으로 낚아채는 방법. 마치 사냥감을 그물로 잡듯 기차를 잘 감싸기만 한다면 괜찮을 거야. 그렇지만 전투기 조종이 안정적이지 않다면 그물이 출렁일 것이고 그러다 전투기마저 출렁거린다면? 이거 너무 무섭잖아!

패스.

다섯 번째, 기차가 높은 알프스의 산악 지대를 지날 때 대포로 뒤쪽 레일을 쏴 버리는 방법. 그렇게 레일이 끊겨 기차가 경로를 이탈하면 스키를 타듯 눈 덮인 산을 미끄러져 내려오겠지. 그런데 말이야, 대포가 레일이 아니라 기차를 맞춘다면? 기차가 스키처럼 부드럽게 내려가는 게 아니라 우당탕탕 구르면서 내려가면? 산 아래 마을을 덮친다면? 으으… 무엇보다도 나는 작년에 스키를 타다 이마가 찢어진 후로 스키 공포증이 있단 말이야.

패스.

여섯 번째, 강력한 전기총으로 기차를 쏴 정전을 일으키는 방법. 정전이 되면 인공지능도, 전기 모터도 멈출 테니 기차 역시 달리지 못할 거야. 하지만 난 정전기도 무서워서 겨울에 다리털을 다 뽑은 적도 있는걸! 찌릿찌릿한 전기는 싫어.

패스.

일곱 번째, 거대한 고무지우개를 기차 앞뒤에 설치하는 방법. 기차는 폭신폭신한 지우개 두 개에 부딪혀 앞뒤로 왔다 갔다 하다가 결국 멈출 거야. 문제는 기차가 팡 튕겨 나가 레일 밖으로 구를 수 있다는 것이지. 거대 고무지우개를 구하는 것도 쉽지 않고.

패스.

여덟 번째, 레이저를 쏴 기차의 지붕만 뜯어내고, 큰 드론을 보내 나만 쏙 빼내는 방법. 그러려면 내가 드론이 내려 준 줄을 꽉 붙잡아야 하는데… 운동이라고는 숨쉬기 운동만 한 내가 어떻게 버텨? 침대에 누워 스마트폰만 하지 말고 운동 좀 할걸.

아무튼, 패스.

아홉 번째, 찢어지지 않는 성분으로 만든 거대한 비눗방울을 쏴 기차가 떠오르게 하는 방법. 안타까운 점은 아직 비눗방울 속에 갇힌 기차를 꺼내는 방법은 찾지 못했대.

당연히, 패스.

마지막 열 번째, 아무도 살지 않는 아파트의 벽면을 따라 기차 레일을 새로 까는 방법. 그리고 그 아파트 옆에 있는 똑같은 모양의 아파트 벽에도 레일을 까는 거야. 마치 반원처럼 곡선의 레일을 말이야. 내가 탄 기차가 그 레일을 타면 어떻게 되겠어? 당연히 놀이기구 바이킹을 타는 것처럼 두 아파트 사이의 레일을 오르락내리락 왔다 갔다 하다가 연료가 떨어지면 자연히 멈추겠지? 물론 연료가 떨어지기 전까지는 엔진이 열심히 돌아가서 기차가 레일 끝으로 벗어날 수 있어. 그러니까 엔진의 힘으로도 레일을 벗어날 수 없게 레일의 각도를 70° 이상으로 가파르게 하고, 레일의 겉면을 마찰력이 높은 사포로 덮겠다니까.

더 생각해 볼 필요도 없겠는걸? 난 놀이기구 킬러니까!

"아빠, 열 번째 방법으로 저를 구출해 주세요!"

에필로그

나중에 CCTV를 보고서야 밝혀졌는데, 사실 이번 사고는 인공지능이 아니라 곰돌이 녀석 때문에 일어난 거였어. 108개의 기차 칸에는 조종법을 자동에서 수동으로 바꾸는 터치 화면이 있어. 아무리 인공지능이 천재라고 해도 학습하지 못한 사고에 대해서는 대처가 느릴 수밖에 없거든. 그래서 그때를 대비해 사람이 인공지능의 자동 운전을 끌 수 있게 한 거야. 물론 그 비밀번호는 매우 복잡해. 실수로 버튼 하나 잘못 눌렀다가 인공지능 시스템이 꺼지면 안 되니까. 터치 화면에 1부터 50까지의 버튼이 나타나면, 25번 버튼을 한 번 누르고 8번 버튼을 세 번 누르고, 14번 버튼을 한 번 누르고, 21번 버튼을 6번 누르고 등등 아무튼 외우기도 쉽지 않아.

내가 꿈속에서 알프스 소녀를 만나고 있을 때, 터치 화면에 파리가 앉았어. 곰돌이는 파리를 쫓아 냉큼 터치 화면 근처로 뛰어갔지. 그때 터치 화면에 버튼이 나타났어. 물론 곰돌이야 그게 뭔지 관심도 없었고 오로지 파리만 바라보았지. 그런데 신기하게도 파리가 곰돌이의 앞발을 피해 요리조리 움직인 것이 자동 운전을 멈추는 비밀번호의 순서와 같았던 거야. 우리 곰돌이는 날쌘 파리를 잡으려 앞발을 이리저리 휘둘렀고, 그대로 터치 화면의 버튼들이 눌렸어.

곰돌이가 비밀번호를 다 치고 나자 화면에서 숫자가 사라지고 뫼비우스의 띠 모양이 등장했어. 이 기차 칸을 조종하는 인공지능이었지.

인공지능과 곰돌이가 나눈 대화는 이랬어.

인공지능 정말 자동 운전을 정지할 건가요?

곰돌이 (앞발 두 개를 휘저으며) 야옹야옹.

인공지능 두 팔을 휘저으면 '정말 맞다'는 표현이니, 그럼 자동 운전을 정지할게요. 그리고 새로운 명령이 있나요?

곰돌이 (잔뜩 약 오른 느낌으로) 야옹! 캬악!

인공지능 앗, 가장 마지막 칸을 앞 차와 분리하고 뒤로 빠르게 달리라고요?

곰돌이 야~옹~

인공지능 아, 가장 마지막 칸에 큰 문제가 생겼다고요? 테러범들이 폭탄이라도 설치했나 보죠? 알겠어요. 명령을 실행할게요!

편석준 작가님의
특허 이야기

특허 이야기 3 | 전 세계를 돌아다니는 자동 트레일러

아마존은 전 세계에서 물건을 공급받아 각 가정에 배달하는 과정을 **트레일러와 드론으로 자동화**하는 특허를 냈어요(Ground-based mobile maintenance facilities for unmanned aerial vehicle, US9718564).

전 세계로부터 공급받은 다양한 물건이 무인 선박으로 들어오면, 자동 설

트레일러에서 발사된 드론이 집 앞으로 물건을 배달하는 모습

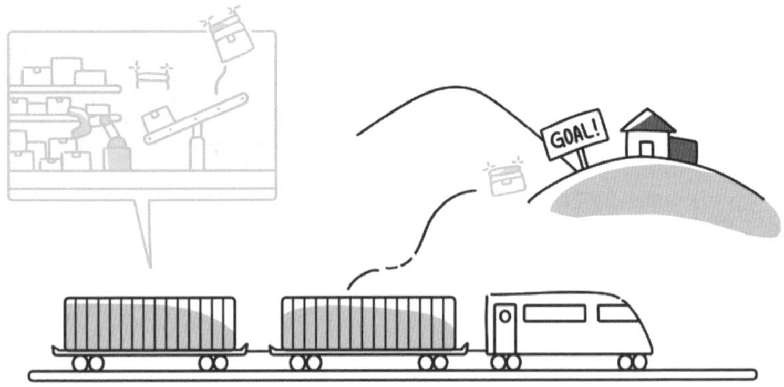

비가 선박에서 물건을 내려요. 그리고 그 물건과 드론을 트레일러(기차)에 싣습니다. 이 트레일러는 수요가 많을 것으로 예상되는 지역에 깔린 레일을 따라 온갖 곳을 돌아다녀요.

트레일러의 종류는 두 개예요. 첫째는 '배송 트레일러'로 배달 업무를 하는 드론들이 있는 곳이고, 둘째는 '유지 보수 트레일러'로 방전된 드론을 충전하거나 고장 난 드론을 로봇 팔로 수리하는 곳이에요.

그렇다면 트레일러는 어떻게 고객의 집 앞까지 배송을 할까요? 고객의 주문이 접수되면 로봇 팔이 드론에 상품을 실어요. 그다음 트레일러가 배송지에 가까워졌을 때 트레일러의 지붕이 열리죠. 드론들은 하늘을 빠르게 날아 상품을 고객에게 전달합니다.

특허 이야기 4 | 도심 속 드론 빌딩

아마존은 배송을 더 효율적으로 하기 위해서 **도심 속에 고층 빌딩 형태의 물류 센터**(Multi-Level Fulfillment Center for Unmanned Aerial Vehicles, US9777502)를 짓는 특허를 냈어요.

건물은 직사각형으로 지어도 되고 원통형으로 지어도 되지만, 꼭 지켜야 할 조건이 있어요. 바로 드론이 드나들 수 있는 구멍(aperture)이 사방에 뚫려 있어야 한다는 거예요. 이 구멍으로 드론도 드나들고 각종 필요한 장비들도 들일 수 있어요.

드론 빌딩엔 아무 드론이나 들어갈 수 있는 것은 아니고 인증받은 드론만 가능해요. 드론들은 각 층에서 대기하고 있다가 배달할 물건이 생기면 꼭대기 층에 있는 드론부터 배달을 나가요. 고층에서 날아가야 드론이 날 때 생기는 비행 소음이 드론 빌딩 근처에 있는 사람들에게 덜 들리거든요. 아래층에 있는 드론들은 배달을 시작할 때 엘리베이터를 타고 빌딩 꼭대기 층으로 이동하고 그다음에 배달지를 향해 날아가요. 하지만 꼭대기 층에 있던 드론들은 위로 올라갈 필요 없이 바로 배달지를 향해 갈 수 있기 때문

다층 구조 물류 센터에서의 드론 출입 모습

에 배터리를 아낄 수 있죠. 덕분에 총 배달 거리는 늘어나고요.

물론 배달량이 많아지면 드론들은 건물 사방에 뚫린 구멍을 통해 출발과 착륙을 하기도 해요. 어떤 구멍을 이용할지 조정하는 건 인공지능이나 사람이 직접 합니다.

PART 1을 마치며

드론이 날아다닐 멋진 미래의 하늘을 그려 봐요!

와, 미래에는 드론이 우리 삶을 풍요롭게 만들어 줄 것 같아 정말 기대되네요. 사실 이미 드론은 여러 산업에서 사용 중이고 머지않은 미래에 사용될 예정이에요. 그중 몇 가지만 알려 드릴게요.

미국의 조비 어비에이션(Joby Aviation)이란 벤처 기업은 드론 택시를 만들고 있습니다. 하늘에서는 땅 위에서만큼 교통 체증이 심하지 않겠죠? 드

드론 택시 예상 이미지

론 택시는 밀리는 일 없이 목적지까지 날 수 있을 거예요. 무려 헬리콥터보다 두 배나 빠르게 날 수 있다고 하니까요. 매우 경제적인 드론 택시 사업은 지금까지 1억 달러 이상을 투자받았어요.

미국의 클로보틱스(Clobotics)에서는 드론으로 풍력발전소를 관리하는 기술을 연구 중이에요. 풍력발전소는 큰 바람개비 날개가 돌아가면서 전기

풍력발전기 날개를 점검하는 드론의 모습

를 만들죠. 그래서 이 날개들이 무척 중요한데 강한 바람이나 비, 우박, 먼지 등으로 고장이 생길 수가 있어요. 그래서 틈틈이 점검을 해줘야 합니다. 하지만 사람이 직접 점검할 때는 날개를 정지시키고 밧줄에 의지한 채 높은 탑에 매달려 6시간 이상을 고생해야 해요. 반면 카메라를 단 드론을 띄워 촬영하면 15분 안에 탑의 꼭대기까지 확인할 수 있어요. 클로보틱스 사의 드론은 1mm 정도 되는 균열도 잡아낼 수 있다고 합니다.

드론으로 멋진 공연을 하는 회사도 있습니다. 베리티 스튜디오(Verity Studios)예요. 이곳의 드론들은 이미 12만 번 이상의 공연을 했어요. 자율주행 기능이 있는 베리티 스튜디오의 드론들은 인간 출연자들과 함께 멋진 무대를 꾸민다고 합니다.

PART 2

따뜻한 마음이 * * * * * * * 넘치는 ∞ 인공지능 세상

세 번째 이야기

내 친구의 목적지×는 어디인가

우리 학교는 일주일에 딱 한 번, 수요일에만 등교를 해요. 나머지 요일에는 집이나 공원 등 어디든 내가 원하는 곳에서 원격 수업을 듣죠.

그래서 등교를 하는 수요일엔 꼭 반 아이들이 모두 모여 학교를 청소해요. 이것도 수업의 하나예요. 학교를 청소하며 문제점을 발견하고 개선해 나가는 청소 수업이죠.

하지만 꼭 청소는 안 하고 놀기 바쁜 친구들이 있어요. 저 멀리, 한때 저의 단짝 친구였던 태인이가 애들을 모아 놓고 신나게 떠

들고 있네요. 하여튼 뺀질이라니까, 이태인. 태인이와 저는 둘도 없는 단짝이었지만 두 달 전, 게임을 하다가 다툰 후로 서로 말도 안 걸고 있어요.

청소 수업 때는 친구들이 서로의 태도를 평가해요. 저는 오늘 태인이에게 가장 낮은 점수를 주리라 마음먹었어요.

이를 바득바득 갈며 손걸레로 계단을 하나하나 닦아 올라가는데, 그만 태인이가 제 손을 밟고 말았어요. 장난치느라 제가 계단 바닥을 닦고 있는 걸 못 본 거예요. 손도 아프고 짜증도 나서 외쳤어요.

"이태인, 너 진짜 짜증 나! 너보다 나쁜 사람을 난 본 적이 없어. 알아?"

손에 들고 있던 걸레를 태인이 가슴팍에 던지고 그대로 저는 운동장을 향해 가버렸어요. 조금 심했다는 생각이 들긴 했지만 제 손이 아픈 게 우선이었어요.

수요일의 모든 수업이 끝나고 버스 대기소로 향했어요. 학교 아이들은 이곳에서 모두 스마트폰을 꺼내 자율주행버스 앱을 켜요. 집까지 갈 자율주행버스를 부르기 위해서죠. 아이들은 출발지에 '새봄 초등학교'를 입력하고 도착지를 각자의 집으로 설정해요. 같은 장소에서 자율주행버스를 부르는 사람이 많을수록 버스가 오는 길이 덜 복잡해져서 그만큼 더 빨리 오거든요.

태인이와 저는 집 방향이 같아서 항상 같은 자율주행버스를 타요. 자율주행버스는 사람들이 입력한 목적지를 토대로 최적의 운행 노선을 스스로 계산해요. 태인이와 저는 방향도 같고 내리는 곳도 그다지 멀지 않아서 항상 같은 버스를 타게 되는 거죠. 예전에 둘이서 버스를 타고 가는 길이 항상 즐거웠어요. 그러나 요즘엔 짜증만 나는 시간이에요.

오늘도 버스 대기소에서 태인이와 같은 자율주행버스에 올랐지만 서로 멀찍이 떨어져 있었죠. 저는 다짐한 대로 태인이의 청소 점수를 빵점 줬고 그것 때문에 태인이도 저에게 단단히 화가 났거든요. 사실 그렇게까지 할 건 아니었는데 욱하는 마음에 빵점을 줬어요. 그 바람에 계속 청소 수업 A등급을 받았던 태인이는 오늘 B등급이 되었죠. 저도 생각해 보니 좀 너무한 것 같아서 이 참에 미안하다고 사과하고 싶었는데 냉랭한 태인이의 표정에 말도 못 걸고 말았어요.

다시 수요일이 되었어요. 수업이 끝나고 버스를 부르기 위해 앱을 켰을 때, 저는 도착지에 태인이 집 근처의 '드레스업'이라는 옷 가게를 입력했어요. 용기를 내어 다시 화해의 손을 내밀고 싶어 태인이네 집 앞으로 가보려고요. 물론 태인이가 매몰차게 군다면 '널 만나러 온 게 아니라 드레스업에 옷 사러 온 거거든?' 하고 반박할 작정이었죠. 아직 자존심이 조금 남아 있었거든요.

스마트폰으로 버스 도착 알람이 왔어요. 곧 도착하는 'A1331' 버스를 타면 된대요. 좋아, 오늘은 버스에서도 조금 가까운 데 앉아야겠어요.

그런데 당연히 같은 버스에 탈 줄 알았던 태인이가 타지 않았어요. 이상하네. 태인이가 버스를 호출하는 걸 분명 봤는데….

그렇게 A1331 버스는 저만 태우고 출발했어요. 하는 수 없이 드레스업 가게까지 그냥 가야 할 것 같아요. 버스는 새봄 초등학교 학생들만 태운 채 거리를 달렸어요. 스쿨존 안의 버스 대기소에서 호출이 오면 그 버스는 스쿨 락(school lock)이 걸려요. 그래서 빈 자리가 있어도 어른들을 태우지 않죠.

이윽고 드레스업 가게 앞에 다다라 버스에서 내렸어요. 하지만 저의 진짜 목적지는 태인이네 집 앞이었기 때문에 얼른 그곳을 향해 걸었어요. 태인이는 그사이 다른 버스를 불러 집에 왔을까요? 혹시 제가 버스를 부르는 걸 보고, 같이 타기 싫어서 일부러 안 탔던 건 아니겠죠? 만약 그렇다면 오늘 사과해도 받아 주지 않을 텐데….

이런저런 걱정을 하며 태인이 집 앞에서 기다렸어요. 그런데 아무리 기다려도 태인이는 오지 않았어요. 시간이 너무 늦어 어쩔 수 없이 저는 자율주행택시를 불러 집으로 돌아갔어요.

하지만 그다음 주 수요일에도 태인이는 같은 버스를 타지 않았어요. 또 그다음 주 수요일엔 태인이가 자율주행버스가 아닌 자율주행택시를 타고 혼자 가버렸죠. 저는 포기하지 않고 항상 태인이 집 앞으로 가 몇 시간씩 기다렸지만 늘 태인이를 만나지 못하고 돌아왔어요.

그리고 그다음 주 수요일이 됐어요. 저는 오늘은 기필코 태인이에게 사과하기로 단단히 마음을 먹었어요. 그래서 수업이 끝난 후 버스 대기소가 아닌 학교 정문 밖으로 향했어요. 정문 앞에는 익숙한 하얀색 자율주행 자동차가 있었어요.

"아빠!"

우리 아빠였죠. 그저께, 저는 어떻게 해야 태인이와 화해할 수 있을지 한참 고민하다가 결국 아빠에게 이 상황을 털어놓았어요. 아빠는 하루 회사를 쉬고 차로 태인이를 따라가 주겠다고 하셨죠. 그래서 오늘 학교에 오신 거였어요.

저는 얼른 아빠의 자율주행 자동차에 올랐어요. 자율주행 자동차는 인공지능이 알아서 운전하기 때문에 탑승한 사람들끼리 마주 보고 앉게 되어 있어요. 저는 차에 타서 아빠와 마주 보았어요.

"도와주셔서 감사해요."

"친구랑 화해하고 싶다는데 당연히 아빠가 도와줘야지."

아빠에게 응원을 받으니 힘이 났어요. 태인이는 오늘도 친구들이 전부 자율주행버스를 타고 나서야 자율주행택시를 불러 탔어요. 아빠는 태인이가 탄 택시를 쫓았어요. 물론 운전은 자율주행 자동차의 인공지능이 했죠.

태인이가 탄 택시는 태인이 집과 정반대 방향으로 향했어요. 대체 어디를 가는 걸까요.

택시는 한참을 달려 낯선 동네에서 멈추었어요. 우리 차도 따라가 그곳에서 멈추었어요. 이 동네는 도시 중심에서 조금 떨어져 있는, 사는 사람이 적은 동네였어요.

택시에서 내린 태인이는 뭔가를 찾듯 주위를 살폈어요. 그때 한쪽에서 누군가 태인이를 향해 걸어왔어요. 그분은 다리가 조금 불편해 보이는 어떤 아저씨였어요. 태인이는 아저씨를 보고 반갑게 인사하고는 타고 왔던 택시에 다시 올랐어요. 아저씨와 함께요. 이윽고 택시가 출발하기에 우리도 뒤쫓았어요.

택시는 조금 더 달려 큰 병원 앞에 도착했어요. 태인이와 아저씨는 택시에서 내렸어요. 그리고 아저씨는 태인이에게 손을 흔들며 병원으로 들어갔고 태인이는 아저씨가 가는 걸 조금 지켜보다가 버스 대기소를 향해 걸어갔어요.

그걸 보고 아빠가 말씀하셨어요.

"준영아, 어서 가서 태인이를 불러오렴. 아빠 차를 타고 같이 가자고 말이야."

아빠 말씀에 저는 얼른 내려 태인이를 향해 뛰었어요. 태인이가 왜 굳이 낯선 동네에 비싼 택시를 타고 갔는지, 몸이 불편한 아저씨는 누구인지 궁금해서 저도 모르게 다리가 빨라졌죠.

"야, 이태인!"

제 부름에 태인이가 뒤를 돌아봤어요. 저를 보고 조금 놀란 표정을 지었죠.

"준영이 네가 왜 여기 있어?"

"지금 집으로 돌아가려는 거지?"

"응."

"그럼 저기 우리 아빠 차가 있으니까 같이 타고 가. 가면서 너에게 꼭 할 말이 있으니까. 들을 말도 있고."

태인이는 거절하지 않고 저를 따라 아빠 차에 올랐어요. 그사이 아빠는 제가 태인이와 솔직히 대화 나눌 수 있도록 의자를 돌려 운전석을 향해 앉아 계셨어요.

다시 차가 출발하고 우리 둘은 서먹한 얼굴로 잠시 말이 없었어요. 그러다 제가 먼저 용기를 내어 물었어요.

"왜 요즘 수요일에 집에 갈 때마다 버스를 타지 않은 거야? 아까 그 아저씨는 또 누구시고?"

"아… 그건. 사실 내가 요새 아빠의 추천으로 봉사활동을 하고 있어. 너도 알지? 우리 아빠가 자율주행택시 회사의 개발자인 거. 아빠는 부르는 사람이 적은 곳에는 항상 택시가 늦게 도착하고, 돈을 나누어 낼 합승자도 없어서 요금도 비싼 게 걱정이라고 하셨어. 그래서 아빠는 일부러 소외된 지역을 택시를 타고 찾아가는 봉사를 혼자 해오셨어. 그리고 나에게도 해보라고 추천해 주셨고.

아까 그 아저씨는 내가 귀뚜라미 아저씨라고 부르는 분이야. 늘 귀뚜라미 공원에서 만나거든. 아저씨는 매주 수요일마다 병원에 가서 치료를 받으셔야 하는데 아저씨가 집에서 택시를 부르면 늘 한 시간 이상을 기다려야 했어. 같이 타는 사람도 없어서 비싼 택시비를 몽땅 혼자 내셨고. 그래서 나는 등교하는 수요일마다 일부러 택시를 타고 아저씨 집 근처로 간 거야. 내가 낼 택시비는 아빠가 용돈으로 주셨어.

아저씨는 내 덕분에 오래 기다릴 필요 없이 택시를 탈 수 있다며 행복해하셔."

"그랬구나."

드디어 태인이의 비밀이 풀렸어요. 아주 멋진 봉사활동을 하느라 버스에 타지 않은 거였죠. 저는 도시에 살기 때문에 자율주행 택시와 버스를 참 편히 이용해 왔어요. 하지만 아까 귀뚜라미 아저씨처럼 사람이 많지 않고, 택시도 적은 곳에서 꼭 택시를 타야만 하는 사람들에겐 편리한 교통수단이 아닐 수도 있었던 거예요.

진실을 알고 나자 태인이가 다르게 보였어요. 이렇게 멋진 친구에게 청소 점수를 빵점 줬다니, 너무 후회가 됐어요.

아빠의 차는 태인이네 집 앞에 도착했어요. 얼마 전 제가 태인이를 기다렸던 그 장소였죠. 태인이가 차에서 내릴 때 저도 따라 내렸어요. 그리고 오랫동안 준비했던 말을 꺼냈어요.

"태인아, 내가 청소 점수 빵점 준 거 미안해. 후회하고 있어. 그 전에 게임할 때 속좁게 굴었던 것도 사과할게."

"아니야, 준영아. 그땐 나도 속좁게 굴었는걸. 게다가 내가 실수로 네 손을 밟기도 했잖아. 정말 미안해. 그리고 너한테 봉사활동 하는 거 말하지 않은 것도 미안. 사실은 같이 다니고 싶어서 너희 집 앞에 몇 번 찾아갔었는데 번번이 널 못 만나고 돌아왔어. 한참 기다려도 네가 오질 않아서."

"뭐? 너 그럼 우리 집 앞에서 나 기다렸어?"

"응. 귀뚜라미 아저씨를 병원에 데려다 드리고 나서 항상 너희 집 앞에 왔었어.”

“맙소사! 나도 너희 집 앞에서 기다렸어! 매주 수요일마다!”

그제야 태인이를 아무리 기다려도 만나지 못했던 이유를 알게 되었어요. 서로가 서로의 집 앞에서 기다리느라 만나지 못했다니! 그것도 몇 주씩이나요!

우리는 몇 번이나 길이 엇갈렸단 사실에 한참을 웃었어요. 결국 서로 사과하고 다시 예전처럼 친구로 지내고 싶었던 건데, 마치 꼬리잡기를 하는 것처럼 빙글빙글 돌고 말았던 거죠.

저는 태인이에게 말했어요.

“앞으로 네 봉사활동에 나도 끼워 줘. 택시를 타고 가는 동안 재미있게 놀자!”

“그래, 준영아!”

편석준 작가님의

특허 이야기

특허 이야기 5 | 인공지능이 운전하는 자율주행택시

이번 이야기에 소개된 특허는 구글의 **자율주행 자동차의 탑승·하차 위치 결정**(Determining Pickup and Destination Locations for Autonomous Vehicles, US20160370194A1)입니다. 그림을 보면 무슨 말인지 한눈에 알

자율주행 자동차 탑승 · 하차 위치 결정 특허

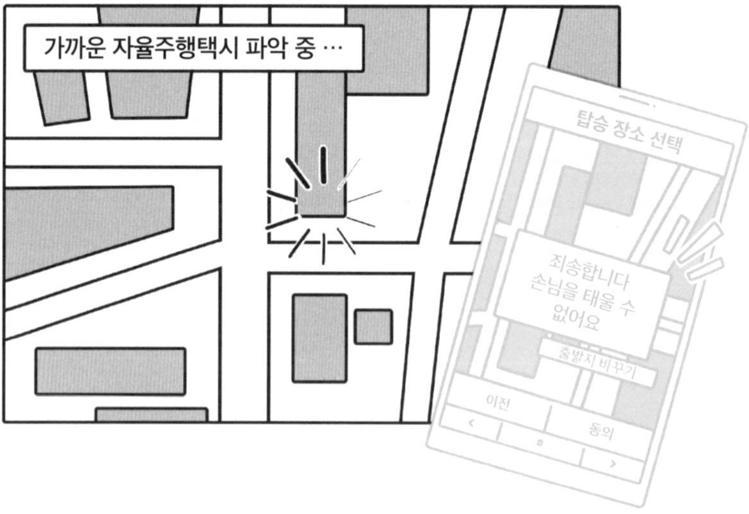

수 있을 거예요.

미래에는 택시뿐만 아니라 모든 자동차가 운전사 없이 인공지능으로 알아서 운전될 거예요. 출발지와 목적지를 입력하면 최적의 이동 경로를 찾아서 우리를 목적지까지 데려다주죠. 집, 학교, 마트, 체육관, 직장처럼 자주 가는 목적지를 저장해 사용할 수도 있어요.

또한 이동하는 중에 최적의 경로를 따라가는 데 무리가 없으면 다른 승객도 태울 수 있어요. 자율주행 자동차 전체를 관리하는 시스템이 교통 정보와 탑승을 요청하는 승객 정보를 실시간으로 계산해서, 어떤 자율주행택시에 누구를 태워 어느 경로로 이동할지를 모두 정하는 거예요. 근처에 우리를 태울 만한 택시가 없으면 '죄송합니다. 손님을 태울 수 없습니다.'라고 팝업 메시지가 뜨기도 하고요. 물론 그럴 때는 다른 택시를 기다리거나 아니면 스마트폰에서 안내하는 대로 출발지를 조금 바꾸면 되겠죠?

질문이 있어요!

Q1 자율주행 자동차가 보편화되면 일상이 어떻게 바뀔까요?

A1 운전할 사람이 필요 없으니 차에 탈 수 있는 사람이 많아져요. 또 사람이 졸음 운전을 하거나 음주운전을 하는 등 부주의로 일어나는 교통사고도 줄어들죠. 자동차의 좌석이 마주 보는 형태로 바뀔 수도 있을 거예요.

Q2 자율주행 자동차에 꼭 있어야 할 요소는 무엇인가요?

A2 사고가 나지 않게 제어할 수 있는 시스템이 미리 준비되어 있어야겠죠. 고장이 날 것 같거나 기름이 떨어질 것 같으면 자율주행 자동차가 알아서 수리 센터나 주유소에 가야 한다는 판단을 할 수 있어야 해요. 또 구급차나 소방차가 사이렌을 울리면 소리의 방향을 파악해 알아서 길을 피하는 기능도 필요하고요.

Q3 자율주행 자동차에는 또 어떤 기능을 넣을 수 있을까요?

A3 목적지 알림 기능이 있어서 내가 깜빡 잠들어도 알아서 집까지 태워다 주는 기능을 추가할 수 있겠죠. 나와 우리 가족, 혹은 내가 지정한 사람만 인공지능에게 명령을 내릴 수 있도록 목소리 또는 생체 인식 기능도 있어야 할 거예요. 안 그러면 아무나 차를 운전하게 될 테니까요.

Q4 그런데 자율주행 자동차가 사고를 내면 어떻게 해요?

A4 자율주행 자동차는 각종 센서와 차량 간 통신을 통해 사고를 방지하지만, 그래도 매우 궂은 날씨나 돌발 상황이 발생하면 센서와 통신이 제대로 작동하지 않을 수 있어요. 정말 불가피한 상황에서 자율주행 자동차가 어떤 식으로든 사고를 낸다면, 가장 피해가 덜한 게 낫겠죠? 이를 위해 구글에서는 위험 정도를 미리 점수 매겨, 사고가 날 것 같을 때 그나마 가장 낮은 점수의 사고가 나게끔 설정해 두는 특허를 냈어요. **자율주행 자동차 사고들에 대한**

고려 사항(Consideration of risks in active sensing for an autonomous vehicle, US8781669B1)이란 제목의 특허예요.

이 특허에 따르면 길에서 걷고 있는 사람을 치는 게 가장 위험 정도가 높은 100,000점으로 책정됐어요. 일어날 가능성은 0.001%로 가장 낮지만, 일어났을 때 인간에게 미치는 위험 정도가 너무 강해서, 이 사고만큼은 무슨 수를 써서라도 꼭 피해야 한다는 것이죠.

- 구글이 매긴 교통사고별 위험 점수 표 -

사고 종류	위험 점수(a)	가능성(b)	최종 점수 (axb)
큰 트럭에 부딪히는 것	5,000	0.01%	0.5
운행 중인 차량과 부딪히는 것	20,000	0.01%	2
다른 차가 뒤에서 들이받는 것	10,000	0.03%	3
왼쪽 차선에서 차량이 접근하는 것	0		
길 한가운데 있는 보행자와 부딪히는 것	100,000	0.001%	1
현재 위치에서 카메라를 통해 제공받던 정보를 잃는 것(수동 운전으로 치면 사이드미러나 룸미러가 보이지 않는 경우 등)	10	10%	1
현재 위치에서 다른 센서의 방해로 인해 제공받던 정보를 잃는 것(수동 운전으로 치면 사람 눈이 갑자기 흐려지는 경우 등)	2	25%	0.5
우회전하려고 할 때를 포함해서 계획된 경로가 방해받는 것	5	100%	50

네 번째 이야기

내 아이돌의 거짓말

민지와 지민, 우리는 단짝이었어요. 우리는 서로가 안과 밖의 경계가 없어 영원히 끝나지 않는 굴레를 상징하는 '뫼비우스의 띠'와 같은 존재라고 여겼죠. 나의 이름을 거꾸로 부르면 지민이가 되고, 지민이의 이름을 거꾸로 부르면 내 이름이 됐으니까요.

지민이와 전 닮은 부분이 정말 많은데 특히 '에이아이즈' 오빠들을 열렬히 좋아한다는 공통점이 있었어요. 우리는 오빠들 콘서트가 열리는 날이면 아침 일찍부터 나가서 응원을 했어요. 콘서트가 끝나고도 집에 가지 않고 무인 카페에 남아 오빠들을 찬양했어요.

그런데 나와 꼭 닮았다고 생각했던 지민이가 오늘 아침 아주 충격적인 고백을 했어요.

“민지야… 나 너한테 고백할 게 있어. 나 사실… 좋아하는 가수가 생겼어. 이제 에이아이즈 오빠들은 그만 좋아할 거야. 오빠들이 싫어진 건 아니지만 앞으로는 새로운 ‘최애’ 가수를 더 응원하고 싶어.”

지민이는 차마 저를 바라보지 못했어요. 우리는 4년 동안 모든 걸 공유했어요. 같은 음식을 좋아하고 같은 장소를 좋아하고 같은 가수를 좋아했어요. 그런데 이제 와서 오빠들을 그만 좋아하겠다니, 그건 저에 대한 배신 아닌가요?

저는 충격에 잠시 멍해져 있다가 지민이에게 물었어요.

“도대체 누군데? 네가 새로 좋아하게 된 가수가?”

“뉴포스.”

“뭐라고? 뉴포스? 야, 뉴포스는 가짜 가수잖아! 인공지능일 뿐이라고. 근데 뉴포스 때문에 우리 에이아이즈 오빠들을 저버린다고?”

지민이와 헤어지고 돌아와 전 밤새 펑펑 눈물을 쏟았어요. 지민이가 사람이 아닌 인공지능을 좋아하다니, 믿을 수가 없었죠. 예전에 지민이와 전 인간을 꼭 닮은 로봇과 결혼식을 올린 외국인의 뉴스를 보고 말도 안 된다며 소리를 질렀던 적도 있었다고요. 그런 지민이가 허상이나 다름없는 뉴포스를 좋아하다니….

그로부터 세 달 지나는 동안 저는 지민이와 한마디도 나누지 않고 지민이를 모른 체했어요. 지민이는 몇 번이고 저를 설득하려 했지만 저는 듣고 싶지 않았죠. 지민이가 다시 에이아이즈 오빠들 팬이 되길 바랐고 그게 아니라면 차라리 지민이가 전학을 갔으면 좋겠다는 생각까지 했어요.

여름방학이 얼마 남지 않은 어느 날 저녁, 저는 배부르게 저녁을 먹고 거실 소파에 드러누웠어요. 그리고 습관처럼 스마트폰을 열고 뭐 재미난 소식이 있나 뉴스를 보는데, 깜짝 놀랄 뉴스 제목이 눈에 띄었어요.

[단독] 충격! 에이아이즈, 자체 제작한다던 말 전부 거짓으로 드러나 …

인기 그룹 에이아이즈(에릭, 이지, 아담, 이수, 즈멘)가 그간 발표한 곡을 전부 자신들이 만들었다고 해왔으나 이는 모두 거짓으로 밝혀졌다.

에이아이즈는 멋진 외모와 뛰어난 노래 실력, 화려한 무대 매너로 데뷔부터 인기를 끌었다. 그런 에이아이즈는 자신들의 곡을 직접 작곡, 작사, 편곡했다는 사실이 알려지며 인기에 더욱 불이 붙었고 글로벌 아이돌 그룹이 되었다.

그러나 사실은 지금까지 발표된 에이아이즈의 곡들 중 절반이 넘는 곡을 유명 인공지능 작곡 프로그램 '21th Mozart'가 만들었다는 충격적 고발이 나왔다.

현재 소속사는 기자들의 연락에 묵묵부답으로 일관하고 있다. 앞으로 이 고발이 사실로 밝혀질 경우, 에이아이즈 멤버들은 물론 소속사도 거대 저작권 소송에 휘말릴 것으로 보인다.

<미래일보> 박지선 기자

말도 안 돼! 에이아이즈 오빠들이 지금까지 거짓말을 해왔다고?

믿었던 오빠들의 충격적인 소식에 정신을 차릴 새도 없이 인터넷에는 관련 기사가 쏟아졌어요. 동영상 사이트에서는 저마다 오빠들을 비난하는 영상도 넘쳐났죠. 전 세계 모든 사람들이 쏟아내는 수백만 개의 댓글은 욕으로 가득했어요.

이게 대체 무슨 일일까요? 기사에 나온 대로 에이아이즈 오빠들이 세계적으로 인정받은 데는 오빠들이 직접 곡을 만들었다는 점이 중요했어요. 그런데 사실은 인공지능 작곡가가 대신 만들어 준 곡이었다니, 심지어 내가 가장 좋아했던 4집 타이틀곡 '미래를 보여 줘'가 21th Mozart가 만든 거라니! 나의 사랑과 추억이 전부 부정당하는 기분이었어요.

기사가 터진 날부터 온 세상이 떠들썩했어요. 저는 귀를 닫고 싶었지만 어딜 가나 에이아이즈 오빠들 이야기뿐이라 고통스러웠죠. 가장 힘들었던 순간은 지민이가 새롭게 팬이 되었다던 인공지능 가수 뉴포스 역시 21th Mozart가 만든 노래를 불렀다는 걸 알았을 때였어요. 지민이에게 어떻게 가짜 가수를 좋아하냐고 했던 게 너무 창피해 견딜 수가 없었죠.

시간이 지날수록 에이아이즈 오빠들은 거짓말쟁이가 되어 팬이 다 떨어지고 안티만 남았어요. 반면 인공지능 가수 뉴포스는 속인 적도 없고 노래와 무대를 잘 해낸다며 점점 인기가 많아졌어요.

전 이제 어떤 스타도 좋아하지 않아요. 심지어 노래를 듣는 일조차 버거워서 음악을 뚝 끊었어요.

어느새 크리스마스이브가 되었어요. 부모님은 맛있는 걸 먹으러 나가자고 하셨지만 저는 꿋꿋이 집에 남았어요. 밖에 나가면 계속해서 노래가 들리니까요. 텔레비전도 끄고 조용히 책을 보고 있는데 띵동 하고 갑자기 초인종이 울렸어요.

현관문을 열어 보니 빨간 봉투 하나가 문 앞에 놓여 있었어요. 봉투 겉에는 '민지에게, 지민이로부터'라는 글자가 적혀 있었죠. 저는 서둘러 봉투를 열었어요. 봉투 안에는 작은 카드가 한 장 들어 있었어요. 카드엔 어떤 사이트 접속 주소와 아이디, 패스워드가 쓰여 있었어요.

iD : MÖBiUS

PW : MiNJiMiN

전 거실에 있는 인공지능 스피커에게 사이트 주소를 불러 주고 접속을 명령했어요. 그리고 카드에 적힌 아이디와 패스워드로 로그인을 했죠. 그러자 인공지능 스피커가 말했어요.

"음악을 플레이하시겠어요?"

음악이라…. 저는 지민이가 저에게 무슨 음악을 남긴 건지 궁금했어요.

"플레이해 줘."

조용한 거실에 잔잔한 노래가 울려 퍼졌어요. 가수의 목소리는 언젠가 들어 본 적이 있는 것이었죠. 맞아요. 가수 뉴포스의 목소리였어요.

저는 눈을 감고 노래를 감상했어요. 약하게 시작된 비트는 조금씩 빨라지더니 어느 순간 뒤틀려 다시 느려졌어요. 그 위로 부드러운 목소리가 멜로디를 타고 흘렀어요. 혼자 있는 저를 포근히 안아 주는 느낌이었죠.

노래가 끝나고 저는 눈을 떴어요. 그리고 잠시 머뭇거리다 스피커에게 명령했어요.

"뉴포스의 노래를 전부 플레이해 줘."

스피커는 군말 없이 제 명령을 수행했어요. 집 안을 채운 노래를 들으며 저는 거실 창밖을 내다보았어요. 68층에서 내려다본 세상은 흰 눈으로 물들어 있었어요.

지금까지 발표된 뉴포스의 노래 7곡이 모두 플레이되고, 이어 아주 익숙한 노래가 들려왔어요. 매일같이 들었던 에이아이즈 오빠들의 노래였죠. 지난 몇 달간 듣기 싫어서 외면했던 노래지만,

다시 들으니 오빠들을 좋아했던 순간이 떠올랐어요. 미워도 정은 많이 들었는지 다시 들어도 노래가 너무너무 좋았어요.

그런데 가만히 들어 보니 노래가 예전과 조금 다르게 들렸어요. 박자가 묘하게 빠르고 멜로디도 콕 집어 말할 순 없지만 전체적으로 낮아진 것 같았죠. 이상해서 작년 콘서트에서 스마트폰으로 찍어 온 영상을 열어 봤어요. 역시, 노래가 조금 달랐어요. 계속해서 듣다 보니 뉴포스의 노래와 비슷하다는 느낌까지 들었죠.

의아한 생각이 들어 지민이에게 전화를 걸었어요. 짧은 신호음이 들리고 곧바로 지민이가 반가운 목소리로 전화를 받았어요. 저는 요새 우리 사이가 서먹했다는 것도 잊고 왜 에이아이즈 오빠들 노래가 달라진 건지, 스피커가 고장이 난 건지 물어보았어요. 지민이는 제 물음에 웃으며 답해 줬어요.

"에이아이즈 오빠들 사건이 있고 나서 21th Mozart가 반강제적으로 공식화됐어. 21th Mozart 홈페이지에 가면 '순간순간 당신이 좋아하는 방향으로 음악을 만들어 드립니다. 좋아하는 가수의 목소리는 그대로, 노래는 당신에게 딱 맞게!'라고 쓰여 있어. 그러니까 인공지능 스피커는 네가 뉴포스의 노래에 호감을 갖게 된 걸 알아차리고 바로 에이아이즈 노래에 뉴포스의 스타일을 더한 거야. 그게 너의 새로운 취향일 거라고 판단한 거지."

"그랬구나. 어쩐지… 바뀐 버전이 더 맘에 들더라고. 그러면 지민아, 우리 둘의 노래 취향은 결국 비슷한 거네?"

"그렇지! 그러니까 우리는 영원히 풀어지지 않는 뫼비우스의 띠 같은 단짝이라고!"

한층 밝아진 지민이의 목소리에 저도 모르게 미소가 지어졌어요. 크리스마스이브의 기적이 찾아오듯 그렇게 민지와 지민, 우리는 마음으로 통했습니다.

편석준 작가님의
특허 이야기

특허 이야기 6 | 인공지능 그림자 작곡가

작곡가가 되려면 음악 공부도 많이 해야 하고 나만의 감성도 있어야 하잖아요? 하지만 그러기는 결코 쉽지 않아요. 그래서 나만의 감성만 있으면 음악을 만들어 주는 특허가 있어요. IBM의 **스스로 음악을 작곡하는 인공지능**(비지도 학습 기반의 인지적 음악 엔진, Cognitive music engine using unsupervised learning, US9715870B2)이라는 특허예요. 쉽게 말해 인공지능 작곡 프로그램이라고 보면 돼요.

인공지능을 활용하여 예술 작품을 창작하고자 하는 노력은 꾸준히 이어져 왔어요. 최근엔 상당한 진보를 보이고 있고요. 소니 컴퓨터 과학 연구소에서는 '플로 머신즈(Flow Machines)'라는 인공지능 작곡가를 만들어 20세기 최고의 밴드인 비틀즈의 음악을 학습해 새로운 비틀즈 풍의 노래를 만들기도 했어요. 또 '딥 바흐(Deep Bach)'라는 인공지능으로 바흐 스타일의 합창곡을 만들어 400명의 음악 전문가를 포함한 1,600명의 사람들에게 들려 주기도 했어요. 나중에 물어봤더니 청중의 40%가 그 곡을 정말 바흐의 곡이라고 생각했대요.

IBM의 특허에서 작곡 과정은 다음과 같아요.

① 사용자가 듣고 싶은 기본 음악을 고른다 → ② 인공지능이 음악에서 다양한 속성을 추출해 분석한다 → ③ 사용자가 듣고 싶은 음악을 지시(작곡)한다 → ④ 인공지능이 ③의 지시에 반응하여 ①에서 고른 기본 음악을 변형한다

과정만 보면 기존 음악을 조금 변형한 것 같지만, 완벽히 같지 않기 때문에 새로운 음악을 작곡한 것이라 볼 수 있어요. 예를 들어, 베토벤의 '운명교향곡'을 온라인게임용 배경음악처럼 행복한 느낌으로 만들라고 지시하면 그에 맞는 새로운 음악이 탄생하는 거죠.
인공지능 작곡 프로그램이 사용자의 의도를 반영하기 위해 기본적으로 다음과 같은 음악의 장조와 단조 설정을 해둘 수 있어요. 예를 들면, 사용자가 '슬프게'라고 지시하면 가단조(A minor)의 음악을 데이터베이스에 찾아 반영하는 거죠. 이렇게 설정된 내용을 반영할 때는 모든 규칙이 정해져 있는 게 아니라, 사용자와 피드백하면서 계속 학습하는 거예요.

- 음악별 지시어 설정 -

음악	지시어
가단조(A minor)	다정하게 · 부드럽게(tender), 슬프게(sad)
가장조(A major)	기쁘게(joyful), 행복하게(happy), 목가적으로(pastoral)
나장조(B major)	냉혹하게(harsh), 화난 듯(angry)
나단조(B minor)	외롭게(solitary), 슬프게(sad), 우울하게(melancholic)
내림 나장조(B♭ major)	장엄하게(magnificent), 기쁘게(joyful), 연속적으로(running)
내림 나단조(B♭ minor)	난해하게(obscure), 끔찍하게(terrible), 아주 슬프게(very sad)
다장조(C major)	행복하게(happy), 전쟁 같은(warlike), 공부할 때 들으면 좋은(studying)
다단조(C minor)	상실감이 드는(lost), 슬프게(sad)

다음 그림은 사용자의 취향대로 두 곡을 섞는 과정을 보여 주고 있어요. 실제로 섞는 과정은 매우 복잡해서 조금 단순하게 그려 본 거랍니다. '메리의 작은 양(Mary Had A Little Lamb)'*과 '오 수잔나(O Susannah)'를 섞어 달라고 인공지능에게 지시하면, 여러 버전이 나올 수 있죠. 다음 그림에서는 '메리의 작은 양'을 바탕으로 '오 수잔나'의 느낌이 같이 날 수 있게끔 특징을 추출해 중간중간 넣어 준 버전입니다.

* 우리에게 익숙한 '떴다 떴다 비행기'라는 동요와 멜로디가 같아요.

– '메리의 작은 양'과 '오 수잔나' 인공지능 작곡 –

메리의 작은 양 (Mary Had A Little Lamb)

+

오 수잔나 (O Susannah)

=

메리의 작은 양 × 오 수잔나
Mary Had A Little Lamb × O Susannah

내 기분을 맞춰 주는 인공지능

페이스북은 **내 기분에 맞추어 콘텐츠를 제공해 주는 기술**(Techniques for emotion detection and content delivery, US9681166 B2)을 특허 냈어요. 이 특허에서는 페이스북 안에서의 콘텐츠만 다뤘어요. 그러나 조금 더 개발된다면 다양한 영역의 콘텐츠에도 적용할 수 있을 거예요.

이 특허가 이루어지는 과정은 이래요.

① 카메라에 얼굴 이미지 인식 → ② 얼굴 표정에서 감정 상태 추출 → ③ 감정 상태 결정 → ④ 감정 상태에 맞는 콘텐츠를 찾기 위해 결정한 감정 상태를 일시적으로 서버에 저장

사용자가 페이스북 앱을 켜고 있을 때, 스마트폰의 카메라가 얼굴 인식을 해요. 이때 눈과 눈썹, 입술과 얼굴 근육 등을 확인하고 사용자가 웃고 있는지, 기뻐하는지, 화가 나 있는지, 지루한지를 판별하죠.

이 과정을 통해 사용자의 감정 상태를 결정하면 페이스북은 사용자의 감정에 맞게 보여지는 콘텐츠를 조정해요. 웃고 있는 사용자에겐 슬퍼하거나 실망한 감정을 일으키는 콘텐츠를 보여 주지 않고 화가 난 사용자에겐 화를 더욱 강하게 불러일으킬 자극적인 뉴스를 제외하는 거예요. 더불어

사용자가 화가 났을 때에도 굳이 분노를 일으킬 만한 뉴스를 찾아보고 댓글을 다는 등 적극적으로 활동한 이력이 있으면 그 사용자에게는 다시 해당 콘텐츠를 노출시킵니다. 사용자의 감정 상태와 관심도를 학습할 수 있거든요.

예를 들면, 새끼 고양이가 등장한 콘텐츠를 보던 사용자가 카메라에서 멀어지면(즉 스마트폰에서 멀어지면) 반려동물에 특별히 관심이 없다는 것을 확인하고 다음에는 비슷한 콘텐츠를 보여 주지 않는 거예요.

질문이 있어요!

Q1 내 기분에 따라 인공지능 작곡가가 새로운 음악을 만들었다면, 그 음악의 저작권은 누구에게 있을까요?

A1 저작권은 창작물을 만든 사람의 노력과 가치를 인정하고 보상하기 위해 만들어진 법적 권리예요. 여기서 '노력'은 창작물을 만들기 위해 들어간 노동력과 자본을 말하고, '가치'는 창작성, 즉 만든 사람의 사상과 감정의 표현 결과를 말해요.

인공지능 작곡가가 새로운 음악을 만들고 누군가 그 음악을 듣는다면, 그 음악은 노력이 들어가고 가치가 있는 창작물이라는 점은 분명할 거예요. 문제는 '창작물을 만든 사람이 누가 되느냐'이죠. 현재까지 대부분의 나라에서 창작의 주체는 인간으로 규정하고 있지만(기존에는 당연히 인간이었기 때문에 특별히 규정할 필요도 없었어요), 최근에는 조금씩 달라지고 있어요. 1988년 영국에서 개정된 저작권법의 제9조 3항에서는 '컴퓨터에 기인하는 문학 · 연극 · 음악 또는 미술 저작물의 경우에는, 저작자는 그 저작물의 창작을 위하여 필요한 조정을 한 자로 본다.'라고 밝혔고, 제178조에서는 '저작물과 관련하여 컴퓨터에 기인되었다는 말은, 그 저작물의 인간 저작자가 없는 상태에서 컴퓨터에 의해 저작물이 산출된 것을 말한다.'라고 밝혔죠. 이건 인공지능 작곡가의 존재를 인정한다는 의미입니다.

또 인공지능이 기존 작품들을 학습해 만들었다고 할 때도 역시 저작권 주체에 대한 논쟁이 있을 수 있어요. 인공지능 프로그램을 만든 개발자가 저작권의 주체가 될 수도 있고, 위의 IBM 특허처럼 자신의 취향을 입력한 사용자가 그 창작물의 저작권자라고 볼 수도 있거든요.

참 어려운 문제죠? 분명한 것은 인공지능이 사회의 다양한 분야에 진출하게 되면, 그와 관련된 많은 제도와 사회 변화도 뒤따를 것이라는 점이에요.

PART 2를 마치며

인공지능이 가져올 환상적인 미래를 기다려요!

인공지능 기술은 미래 우리의 삶을 크게 바꾸어 놓을 것이고, 실제로 지금도 많은 것을 바꾸고 있습니다. 인간의 고유한 영역이라 생각했던 창작에서도 말이죠.

세계적으로 저명한 미래학자이자 컴퓨터 과학자인 레이먼드 커즈와일(Raymond Kurzweil)은 1965년에 미국 방송사 CBS에 출연해 피아노를 연주한 뒤, 그 곡을 만든 것은 자신이 개발한 컴퓨터프로그램이라고 밝혀 주위를 깜짝 놀라게 했습니다.

레이먼드 커즈와일은 2003년에 '시인의 개성들(Poet personalities, US7836069B2)'이라 특허를 내기도 했는데, 이는 시의 패턴을 분석해 새로운 시를 창작하는 내용입니다. 폴란드 작가 스타니슬라프 렘(Stanislaw Lem)이 1965년 출간한 《사이버리아드(Cyberliad)》를 보면 '전자 시인'이 나오는데 그것과 비슷해요. 다음과 같이 전자 시인에게 명령을 내리면 시가 출력됩니다.

"시를 하나 지으라고 해. 이발에 대한 시를 짓는 거야! 하지만 고상하고, 고귀하고, 비극적이고, 영원하고, 사랑에 가득 차 있고, 배신이 등장하고, 인과응보가 있고, 확실한 파멸 앞에서 보이는 묵묵한 영웅적 태도를 그려야

해! 6행으로, 완전한 운율을 맞추고, 모든 단어는 S로 시작해야 해!"

Seduced, shaggy Samson snored.	유혹에 빠진 털북숭이 삼손은 코를 골았네.
She scissored short, Sorely shorn,	그녀는 짧게 머리칼을 잘랐지. 비통하게 털을 깎이고,
Soon shackled slave, Samson sighed.	이내 족쇄가 채워진 노예, 삼손은 한숨지었네.
Silently scheming,	조용히 음모를 짜고,
Sightlessly seeking.	눈먼 채로 갈구했네.
Some savage, spectacular suicide.	잔인하고, 극적인 자살을.

인공지능의 창작은 음악과 글에만 국한되지 않습니다. 마이크로소프트는 17세기 네덜란드의 '빛의 화가'라 불린 렘브란트의 화풍을 학습해, 렘브란트와 똑같은 스타일로 그림을 그리는 인공지능 '넥스트 렘브란트'를 만들기도 했습니다.

여러분들도 직접 체험해 볼 수 있어요. 구글이 운영하는 '딥 드림(Deep Dream)'이란 사이트에 들어가서 무료로 회원가입을 하면, 여러분의 낙서가 마치 고흐가 그린 그림처럼 변신한답니다.

PART 3

마음을 나누게 해주는 마법의 물건들

다섯 번째 이야기

잠들지 못하는 고양이

지금은 오전 10시. 시곗바늘이 움직이는 소리가 똑똑하게 들렸어요. 째깍째깍 하는 소리는 마치 제 종아리를 때리는 회초리 소리 같았죠. 이렇게 가만히 있지 말고, 빨리 뭔가를 하라는 회초리요.

이 시간에 학교에 가지 않고 집에 혼자 누워 있으니 기분이 이상했어요. 공부를 안 하는 건 좋지만 지금 제 옆에 누워 저를 바라보는 캐시를 생각하면 마음이 무거웠거든요. 캐시는 천천히 앞발을 들어 제 이마를 톡톡 쳤어요. 저는 걸리적거리는 안경을 벗어

머리맡에 두고 캐시와 눈을 마주했어요. 지금 캐시는 어떤 마음일까요?

캐시는 우리 집 고양이에요. 지금 이 시간에 제가 학교가 아닌 집에 있는 이유도 캐시 때문이었어요. 캐시가 언젠가부터 잠에 들지 못하는 불면증을 앓게 되었거든요. 고양이들은 원래 낮에 자고 밤에 활동하는 동물이라지만, 캐시는 그러지 않았어요. 내가 잘 때 같이 잠들고 내가 일어나면 같이 깼었죠. 지금은 밤이건 낮이건, 내내 잠들지 못하지만요.

병원에 데려갔더니 의사 선생님도 원인을 모르겠다고 말씀하셨어요. 하는 수 없이 전 무려 반년간의 용돈을 포기하고 아빠에게 '반려동물과 이야기할 수 있는 마법의 안경'을 사달라고 부탁했어요. 이 안경을 쓴다고 곧바로 반려동물이 내는 소리와 움직임을 전부 이해할 수 있는 건 아니었어요. 적어도 일주일은 쓰고 캐시를 바라보아야 했죠. 캐시의 소리와 모든 움직임을 안경이 확인하고 분석해 각각의 의미를 알아내기까지 시간이 필요했어요. 원래 이 안경은 수화를 몰라도 수화하는 사람과 대화할 수 있게 돕고자 발명한 것인데, 반려동물과의 의사소통에까지 발전돼 적용된 것이라고 해요.

거금을 들여 산 안경을 쓰고 지내면서 저는 캐시가 불면증에 걸린 원인을 조금씩 알아 나갔어요. 그리고 동시에 아주 깊은 슬픔에 빠졌습니다.

캐시는 아빠 서재의 천장을 바라보며 자주 울었어요. 그렇게 한바탕 울고 나서는 꼭 저를 할퀴며 짜증을 냈죠. 그 모습을 쭉 관찰한 안경은 저에게 이런 분석을 내놓았어요.

"고영희 님이 아버지의 서재에서 낚싯줄을 볼 때마다 캐시의 기분이 항상 나빠집니다. 이 점에 대해 캐시와 대화를 해보면 어떨까요?"

안경의 말은 다소 어색하긴 했지만, 그래도 무슨 말인지는 알 수 있었어요. 안경이 말한 낚싯줄은 사실 멜로와 놀아 줄 때 쓰던 장난감이었죠. 멜로는 캐시와 살기 전에 함께 살던 고양이에요. 캐시가 우리 집에 오기 며칠 전, 열린 현관문 틈으로 도망간 후 지금까지 찾지 못하고 있었어요. 멜로는 플라스틱 물고기가 달려 있는 낚싯대 장난감을 무척 좋아했어요. 하루에도 몇 번이나 낚싯대로 놀아 달라며 스스로 물고 오기도 했어요.

멜로가 도망간 후 아빠는 낚싯대를 버리라고 했지만, 전 혹시나 멜로가 돌아올지 모른다며 반대했어요. 엄마는 베란다 구석에 치워 두라고 하셨지만 전 아빠 서재의 책장 맨 위 칸에 소중히 보관해 두었죠. 저는 가끔 멜로 생각이 나는 날이면 낚싯대를 들고 혼자 휘둘러 보곤 했어요.

그러니까 캐시는 제가 낚싯대를 보면서 멜로를 그리워하는 걸 싫어했던 거예요. 자기가 있는데도 멜로와 놀아 주던 때를 생각하고 있으니 섭섭했겠죠.

저는 마음이 많이 아팠어요. 캐시를 생각하면 낚싯대 장난감을 버려야 하겠지만, 살아 있는지 아닌지도 모르는 멜로를 떠올리면 도저히 버릴 수가 없었거든요. 점점 잠을 못 잔 캐시는 예민해졌어요. 심지어 자기 꼬리털을 입으로 뽑아 대기까지 했어요. 그래서 오늘 부모님께 허락을 받고 캐시와 종일 함께 있기로 한 거예요. 캐시가 외로움을 덜 느낄 수 있게요.

캐시는 오전 내내 절 쫓아다녔어요. 울지도 않고 계속 절 쳐다보았어요. 좀 잤으면 좋겠는데 결코 잠들지는 않더라고요. 저는 캐시가 절 바라보는 이유를 알 것 같았어요. 안경을 쓰지 않고도요. 그건 제가 '어떤 행동'을 해주길 바라는 눈빛이었어요.

결국 제 손에는 주인 없는 장난감이 들렸어요.

"캐시야, 금방 다녀올게."

"야아옹~"

현관문을 바라보는 채로 바닥에 앉은 캐시는 기다리겠다고 대답을 하듯 길게 울었어요. 저는 손에 든 것을 아파트 쓰레기 분리

수거장으로 들고 갔어요. 그곳에는 작은 길고양이들에게 물과 먹이를 챙겨 주러 나온 어린 동생들이 있었어요. 그중 한 아이가 절 보고 말했어요.

"언니! 그 장난감 버릴 거면 우리 주면 안 돼? 비비랑 놀아 주고 싶어!"

아이가 비비라고 부른 아기 고양이에게 눈을 돌렸어요. 집 나간 우리 멜로와 아주 비슷하게 생긴 노란색 고양이였죠. 저는 잠시 손 안의 낚싯대를 바라보다가 아이에게 건네주었어요. 이렇게 내가 착한 일을 했으니까 우리 멜로가 어디에 있든 아프지 않고 잘 살게 해달라고 빌면서요.

분리수거장에서 다시 집으로 돌아왔어요. 현관문을 열자 제가 나갈 때 앉아 있던 그 자리에 그대로, 캐시가 편하게 누워 잠들어 있었습니다.

편석준 작가님의

특허 이야기

특허 이야기 8 | 의사소통을 돕는 수화 해석 안경

가상·증강현실 하드웨어를 만드는 미국 기업인 매직리프(Magic Leaf)는 **수화를 해석해 주는 마법 같은 안경**(Sensory eyewear, US20180075659A1) 특허를 냈어요. 이 안경을 쓰면 수화를 몰라도 수화하

수화자가 약국의 위치를 묻자 안경이 해석해 주는 모습

는 사람의 수어를 해석해 줘요.

수화자가 'How', 'are', 'you'를 뜻하는 수어를 하면, 안경은 이 동작들을 연결하고 분석해 안경알(디스플레이)에 "How are you?"라고 출력합니다.

그림에서 왼쪽에 있는 수화자가 "근처에 약국이 있나요? 몸이 안 좋아서요."라고 물었어요. 그러자 오른쪽에 안경을 쓴 사람은 그 수어를 해석한 문장을 안경알을 통해 보고 있어요(해석 문장은 원래 안경 디스플레이에서 보이는 것으로, 여러분이 이해하기 쉽게 확대하여 그렸습니다).

여섯 번째 이야기

이사 가기 전날 밤

저는 하굣길에 늘 우리 집 옆에 있는 대학교 교정을 가로질러요. 낡은 탑과 멋진 유리 건물이 조화롭게 자리한 교정을 걸으면 사계절 어느 때든 행복해지기 때문이죠. 이 대학교는 아빠가 얼마 전까지 경영학 교수로 재직했던 곳이기도 해요. 오늘도 교정을 둘러보다 집에 도착했어요.

초록빛의 키가 큰 대문을 열면 주방 쪽에 난 작은 창으로 저녁을 준비하는 엄마와 아빠의 모습이 보여요. 보글보글 찌개 끓는 소리, 탁탁탁 도마에 칼을 내려치는 소리, 달그락달그락 그릇을

옮기는 소리가 정원까지 들려오죠. 그 소리만 들으면 마음이 푸근해져요.

"다녀왔습니다!"

조금 무거운 현관문을 열고 들어가 부모님께 인사하고 바로 2층으로 뛰어 올라갔어요. 나무 계단이 내는 삐그덕삐그덕 소리에 옛날 추억이 떠올랐어요. 여덟 살 때 저는 또래보다 통통했어요. 그래서 계단을 오를 때 삐걱거리는 소리가 더욱 크게 들렸죠. 그래서 제가 계단을 뛰어오르면 엄마가 계단이 무너지겠다며 화를 내곤 하셨어요.

2층에 다다라 누나의 방문에 노크를 했어요.

"들어와."

세상에서 가장 똑똑하고 멋진 우리 누나. 누나는 제가 계단을 오를 때 나는 삐그덕 소리만 듣고도 제가 집에 온 걸 알았어요. 저보다 열세 살이나 많은 누나는 얼마 전 신입사원이 되었어요. 그래서 가끔은 퇴근하고 와서도 방에서 일을 하곤 해요. 오늘도 일이 있는지 누나는 집에서만 쓰는 안경을 끼고 컴퓨터를 보고 있었어요.

"일하고 있었어?"

누나는 진지한 표정으로 저에게 물었어요.

"이 사진 어때 보여?"

누나가 보여 준 것은 철도 옆 풀밭에 나란히 누운 아빠와 엄마, 그리고 누나의 사진이었어요. 내가 태어나기 몇 해 전이자 누나가 꼬마였을 때로, 철도 옆에 있는 집에서 살던 시절의 모습 같았죠. 사진 속 누나는 엄마 아빠 사이에 누워 노란 꽃을 들고 환하게 웃고 있었어요.

저는 '좋아 보이네.'라고 말하려다 왠지 누나의 눈에 눈물이 고인 것 같아 입을 다물었어요. 대신 조용히 뒤돌아 방문을 닫고 나왔죠.

옷을 갈아입고 씻고 나오자 1층 부엌에는 저녁이 차려져 있었어요. 갈치 다섯 토막과 소고기 찌개가 먹음직스러운 김을 풀풀 풍겼어요. 우리는 네 식구인데 왜 엄마는 항상 갈치를 다섯 토막씩 구우실까요? 너무나 궁금했지만 식탁 분위기가 가라앉아 있어 묻지 못했어요. 아빠도 우울해 보이고 엄마도 말이 없으셨죠. 누나는 여전히 눈가가 붉었어요.

저는 그 이유를 알았어요. 내일 우리는 정든 이 집을 떠나 이사를 가거든요. 워낙 추억이 많았던 곳이라 다들 아쉬웠던 거예요. 하지만 곧 우리 동네가 고층 빌딩 단지로 개발이 되어서 어쩔 수 없이 떠나야 했어요.

어둠이 내려앉은 방에 조명을 켜듯, 아빠가 무거운 분위기를 깨며 말하셨어요.

"하니야, 요즘 집에서도 계속 바쁘게 일하는 것 같더구나. 회사에 적응은 잘하고 있니?"

누나는 고개를 끄덕이며 말했어요.

"네. 사람들이 편안함을 느끼면서도 구매 욕구를 느낄 수 있는 색상에 대해 연구하는 프로젝트에 투입되어서 정신이 없어요."

누나는 가상현실 쇼핑몰에서 상품과 상품 소개 이미지에 어떤 색을 쓸지 연구하는 색상 연구원이에요. 원래 누나는 증강현실 쇼핑몰에서 서체 스타일리스트로 잠깐 일했어요. 증강현실 안경에 뜨는 간단한 글이나 광고 문구를 보기 편하게 디자인하는 일이었죠.

아빠는 누나에게 고생한다며 갈치 살을 발라 밥 위에 얹어 주셨어요. 아빠가 생선 살을 발라서 밥 위에 얹어 주신다는 건 칭찬을 받은 것과 마찬가지예요. 말썽꾸러기에다 공부도 잘 못 하는 저는 몇 번 받아 본 적 없지만, 누나는 어른이 된 지금도 자주 아빠의 생선 살 칭찬을 받아요.

아빠에게 칭찬을 받는 건 큰 영광이에요. 대학교에서 경영학

교수로 재직하며 여러 논문을 쓰고 연구를 해온 아빠는 책도 많이 썼고 제자도 많아요. 제 꿈도 아빠처럼 되는 거랍니다.

그래서 아빠가 대학교에서 해고당한 걸 이해할 수 없었어요. 이렇게 똑똑한 우리 아빠가 이제 필요 없다니요? 아빠처럼 경영학을 잘 아는 사람은 이 세상에 없는데 바로 그 경영학과에서 아빠를 내쫓았어요.

아빠는 경영학 중에서도 마케팅을 전공으로 소비자의 심리를 연구하셨어요. 해외 대학 박사 학위도 두 개나 가지고 있고 많은 기업에게 자문도 해줘서 친한 사장님도 많죠. 하지만 시대가 바뀌면서 학생들이 배워야 할 것도 달라져야 한다는 의견이 많아졌어요. 아빠가 가르쳐 온 것들은 이제 필요가 없어졌다는 거예요.

"내일은 아침부터 이삿짐 트럭이 올 테니 다들 일찍 자자."

식사를 마치고 내 방으로 돌아와 침대에 누우니 약간 쌀쌀했어요. 요즘 시대에 어울리지 않게 오래된 목조 주택이라 바람이 세월의 틈을 비집고 쉽게 침범해 들어왔어요. 이삿짐에 겨울 이불을 미리 담아 둔 게 실수였네요.

잠을 자려고 했지만 밤 10시가 넘어서도 눈이 말똥말똥했어요. 그때 스마트폰 알림이 울렸어요. 누나가 보낸 메시지였어요.

"가상현실 가면을 쓰고 링크를 터치하세요."

누나는 가끔 가족들에게 하고 싶은 말이 있을 때 가상현실 가면 메신저를 이용하곤 했어요. 얼른 침대에서 일어나 침대 옆 서랍장에 넣어 둔 가상현실 가면을 썼어요. 얼굴의 이마부터 턱까지 전부 가리는 가면은 꼭 로봇 얼굴처럼 생겼죠.

가면을 쓰니 봄바람이 불어왔어요. 꽃향기도 났고 흙냄새도 났죠. 고개를 숙이자 언덕 아래로 철로가 보였고, 고개를 들자 파란 하늘 위로 흰 구름이 드문드문 흩어져 있었어요. 순간 '하늘의 구름은 바닷속 물고기 수만큼 있대.'라던 누나의 말이 떠올랐어요.

주위를 둘러보자 다정해 보이는 가족이 있었어요. 젊은 시절의 아빠와 엄마, 어린 시절의 누나 같았어요. 가까이 다가가자 꼬마 누나는 바닥에 앉아 울고 있었어요. 엄마가 누나의 등을 만지며 달랬어요.

"엄마가 떨어뜨려 미안해. 다시는 안 그럴게."

엄마의 등 뒤로 떨어진 보자기와 하얀 끈이 보였어요. 아마도 누나를 업고 언덕을 오르다가 떨어뜨린 모양이었어요. 누나는 서럽게 울었어요. 그때 엄마와 아빠가 무릎을 꿇고 동시에 누나를 안았어요. 그때 세 사람이 있는 쪽으로 봄바람이 살랑 불었어요. 하얀 끈이 바람에 밀려 한 걸음, 두 걸음 뒤로 물러났어요. 주우러 다가가자 제게도 기분 좋은 봄바람이 불어왔어요.

이렇게 잊고 싶지 않은 추억을 가상현실로 생생히 남길 수 있으니, 그나마 이사 가기 전날 밤이 마냥 서럽지는 않은 것 같아요. 아마 누나는 오늘 이 오래된 목조 주택에서의 추억 한 조각을 가상현실로 만드느라 밤을 샐 거예요. 누나에게 힘내라고 커피 한 잔을 타서 가져다줘야겠어요!

편석준 작가님의

특허 이야기

특허 이야기 9 | 걸으면서 즐기는 증강현실 쇼핑

애플의 시리(SIRI, 음성 인식 비서 서비스)에 대해 알고 있죠? 시리를 만든 사람인 노바 스피백(Nova Spivack)이 설립한 매지컬 테크놀로지스(Magical Technologies)에서는 **증강현실 쇼핑에 대한 특허**(Systems and

증강현실 안경으로 보는 쇼핑 정보

methods of rewards object spawning and augmented reality commerce platform supporting multiple seller entities, US20190108578A1)를 냈어요. 증강현실 안경이나 스마트폰을 쓰면 굳이 검색하지 않아도, 길을 걸으며 어떤 가게에서 무슨 물건을 얼마에 파는지, 어떤 할인 행사를 하고 있는지 알 수 있어요. 상품과 가격 정보뿐 아니라 판매자 정보나 평판, 다른 구매자들의 리뷰까지 확인할 수 있죠.

가게에 들어가서도 마찬가지예요. 확성기를 든 점원 아저씨가 할인 행사를 큰 소리로 외치지 않아도, 증강현실 장비를 착용하고 있으면 고객의 안경이나 스마트폰 화면을 통해 '앞으로 15분 동안, 오렌지 15% 할인', '와인 30% 할인 행사' 등의 정보가 떠요. 이러한 쇼핑 정보는 가족이나 친구들에게 공유해 줄 수도 있어요.

특허 이야기 10 | 상품 위치를 알려 주는 증강현실 기술

구글은 **매장에서 상품의 위치를 정확하게 알려 주는 기술**(Augmented reality overlays using position and orientation to facilitate interactions between electronic devices, US20150193982A1)을 특허 냈어요.

예를 들어, 매장에 들어선 고객이 민트향 구강 세정제를 찾으라고 지시하면, 안경이나 스마트폰과 같은 증강현실 장비가 일단 민트향 구강 세정제

재고가 있는지 확인하고, 재고가 있으면 제품의 위치과 그곳까지 가는 가장 짧은 동선을 안내해 줍니다. 만약에 재고가 없으면 민트향 대신 감귤향 구강 세정제는 어떤지 제안해 줄 수도 있죠.

테이블이나 캐비닛 같은 큰 물건을 살 때는 어떨까요? 이런 물건들을 살 때 가장 먼저 고려할 점은 가구를 두려고 했던 공간의 크기와 가구의 크기가 맞는지 하는 점이에요. 이때도 증강현실 장비가 테이블이나 캐비닛의 크기를 재어 줄 수 있어요. 이미 집 내부를 증강현실 장비로 스캔해 두었다면 가게에서 상품을 촬영하기만 해도 우리 집 공간과 크기가 맞을지를 바

상품의 위치를 알려 주는 증강현실 기술

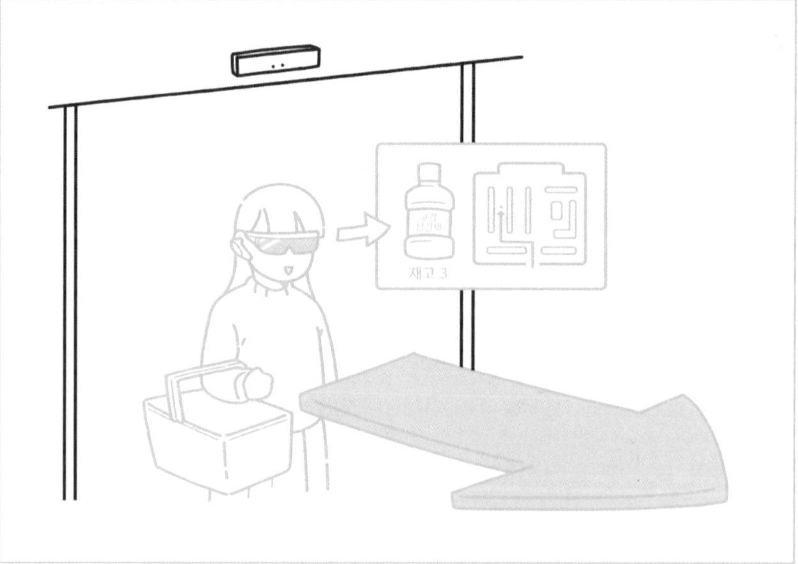

로 알 수 있습니다.

지금까지 설명한 증강현실 쇼핑은 현실 세계 위에 컴퓨터 그래픽(CG, Computer Graphics)을 넣어 쇼핑을 편하게 하는 것이었어요. 이와 달리 가상현실 쇼핑은 쇼핑에 관한 모든 것을 현실 세계 없이 컴퓨터 그래픽으로 만드는 거예요. 그래서 증강현실 쇼핑에는 현실 세계가 보이는 안경 또는 스마트폰 형태의 장비가 적합하고, 가상현실 쇼핑에는 디스플레이가 시야를 완전히 가릴 수 있는 가면 형태의 장비가 적합해요.

가상현실 쇼핑은 모든 화면을 컴퓨터 그래픽으로 새로 만들어야 해요. 마치 매장 안에 와 있는 듯한 장면을 만들어 놓으면 우리는 집에서 가상현실 쇼핑몰에 눈으로 입장해 생생하게 물건을 보고 구매할 수 있어요.

PART 3을 마치며

손에 잡히지 않아도 생생한 가상 세상으로 가요!

사실 스마트폰을 활용한 증강현실 기술은 지금도 우리 주변에 있습니다. 이케아 플레이스(IKEA Place)란 애플리케이션을 다운로드받으면 우리 집에 이케아 가구를 놓았을 때 크기나 디자인이 잘 맞는지 바로 확인할 수 있어요. 이케아 매장에 직접 가서 가구 길이를 재지 않아도 되는 거죠.

제품 사용 매뉴얼에도 변화가 일고 있어요. 예전엔 종이에 인쇄한 사용 매

••• 이케아의 증강현실 가구 배치 애플리케이션

뉴얼을 주었죠? 그것만 보고는 잘 모를 땐 유튜브에서 영상을 찾아봤을 거고요. 그런데 이젠 제품 위로 스마트폰을 대기만 하면, 사진과 텍스트 그리고 영상으로 사용 방법을 알려 주는 증강현실 기술이 도입되고 있어요. 자동차 회사인 메르세데스 벤츠도 증강현실 기술을 매뉴얼에 적용하고 있어요. 스마트폰을 들고 자동차 안을 비추면 화면에 설명이 바로 나온답니다.

옷을 살 때도 굳이 매장에 가서 여러 사이즈를 입었다 벗었다 할 필요가 없어요. 어울리는지 안 어울리는지 입어 보고 거울에 비춰 볼 필요도 없죠. 증강현실 기술만 있으면 집에서도 옷을 입어 볼 수 있거든요.

한국의 가상현실 전문기업인 에프엑스기어(FX Gear)는 에프엑스미러(FX Mirror)란 가상 피팅 플랫폼을 개발했어요. 집이든 회사든, 큰 거울 앞에 서서 옷을 선택하기만 하면, 거울 속에 선택한 옷을 입은 내가 보여요. 사용자의 신체를 실시간으로 측정해 실제로 입어 본 것처럼 보여 주는 것이죠. 내 모습이 어떤지 바로 친구들에게 SNS로 보내 의견을 물어볼 수도 있어요. 정말 멋지죠?

한국의 가상현실 전문기업인 이브이알 스튜디오(EVR STUDIO)가 만들고 있는 가상 마을에 대해서도 잠깐 소개할게요. 가상 마을에는 현실처럼 시간과 공간도 있고 사람들도 있어요. 그곳에 사는 사람들 이미지는 실제 사람을 모델로 만들었다고 해요. 외모뿐 아니라 성격이나 말투까지도요. 조만간 우리는 가상 마을에서 내가 원하는 외모와 성격으로 두 번째 삶을 살 수도 있어요.

증강현실로 옷을 입어 보는 모습

PART 4

기계와 사람이 연결된 세상

일곱 번째 이야기

나도 연결 하고 싶었어

옆에 있는 영희를 의식하며 천천히 걷고 있었어요. 전 영희가 자주 하는 헤어밴드를 좋아해요. 짙푸른 바탕에 큼지막한 하얀 물방울무늬가 들어간 헤어밴드. 그걸 한참 바라보는데 영희가 저를 지나쳐 철수에게로 향했어요. 영희는 철수와 눈을 마주치고 활짝 웃었어요.

철수, 너무 평범해서 오히려 주목받는 이름이죠. 하지만 영희와 함께 불리면 마치 운명의 연인처럼 느껴져요. 그래서 철수와 영희는 운명인 것처럼 우리 반에서 공식 커플이 되었어요. 그걸 보는 제 맘은 짝사랑의 아픔으로 썩어 갔지만요.

월요일 오전에는 보건소에 가야 해요. 전국의 초등학교는 다음 주까지 돌아가며 매일 오전에 잠깐 쉬게 되었어요. 보건소나 병원에서 아이비(AIB, Angel In Body)를 교체해야 하기 때문이죠.

아이비는 심장 위쪽에 다는 약통이에요. 아이비를 교체한다고 해서 수술을 통해 가슴을 여닫는 것은 아니에요. 팔뚝에 주사를 맞으면 약물이 알아서 아이비로 들어가요. 아이비는 새로운 바이러스에 대한 백신 약물을 심장 위쪽에 저장해 두었다가 만약 바이러스가 침투해 들어오면 자동으로 치료가 되게 해주죠.

한동안 잠잠하더니 이번엔 이탈리아 물다람쥐에게서 사람에게도 감염될 수 있는 신종 바이러스가 발견됐다고 해요. 이번엔 그 바이러스에 대항할 약물을 주입하는 거예요.

보건소 앞에 길게 줄이 늘어섰어요. '교통사고 주의'란 글씨가 적힌 형광 조끼를 입은 아저씨들이 길가에서 장난치는 아이들을 단속하고 있었어요. 철수와 영희는 우리 반의 줄에서 맨 앞에 있었어요. 둘이 또 웃고 있었죠. 저는 부러운 눈으로 둘을 바라보았어요. 저도 저기 끼고 싶었거든요.

철수는 좀 희한한 친구예요. 잘생긴 듯하지만 자세히 뜯어보면 잘생기지 않았고, 리더십이 없는 듯하지만 언제나 조용히 리드하고 있고, 옷은 평범해 보이지만 잘 보면 은근히 비싼 옷들을 입고 있었죠.

작년의 여름쯤이었던가. 점심시간에 반 친구들이 모여 족구라는 공놀이를 했어요. 전 운동을 잘 못 해서 끼고 싶지 않았지만 제가 빠지면 홀수가 되어 곤란했어요. 하는 수 없이 경기장 안에 섰어요. 철수는 운동을 전혀 못하게 생겨 놓고는 오는 공을 족족 다 받아 냈어요. 그리고 마지막엔 강한 슛으로 공격까지 성공했죠. 교실 창문에 붙어 구경 중이던 여자아이들은 계속해서 철수에게 환호했어요. 그중엔 당연히 영희도 있었죠. 그날 시합을 누가 이겼는지는 기억나지 않는데, 환호성을 받고도 우쭐하지 않은 철수의 담담한 얼굴은 선명하게 기억나요.

하도 분하고 얄미워서 시합이 끝난 후 교실 대청소를 할 때 일부러 쓰레기를 교실 뒤편에 버렸어요. 철수가 쓰레기통을 비우는 당번이었거든요. 제가 한번 버리니까 다른 친구들도 따라서 교실 뒤에 쓰레기를 버렸어요. 나중에 그 많은 쓰레기를 모아 혼자 버리던 철수는 저에게 뭐라고 하지도 않고 그저 묵묵히 자기 할 일을 했어요. 그 모습에 저 자신이 못난 사람으로 느껴져 얼굴이 화끈거렸어요.

철수에 대해 생각하다 보니, 저도 모르게 두 사람 바로 뒤에 줄을 서게 되었어요. 또다시 얼굴이 화끈해진 저는 고개를 홱 돌려 버렸어요.

줄에 선 아이들은 이런저런 이야기를 나누느라 수군대기 바빴어요. 이번 바이러스가 처음 시작된 이탈리아에 대해서도 한참 동안 떠들었죠. 저는 이탈리아에 직접 가본 적은 없지만 가상현실 해외여행 체험으로 베니스를 둘러본 적은 있어요. 이탈리아의 베니스는 170개가 넘는 작은 섬들을 400개의 다리로 이어 만든 아름다운 물의 도시예요. 저는 그곳에 영희와 함께 여행 가는 상상을 잠깐 했어요. 분수대에 앉아 멋진 성당을 바라보면 영희에 대한 저의 짝사랑도 이루어질 것 같았거든요.

"학생, 뭐 해요? 어서 와서 앉아요. 뒤에 친구들이 기다리잖아요."

한참 상상에 빠져 있는데 간호사 누나가 부르는 소리가 들렸어요. 어느샌가 철수와 영희는 이미 주사를 맞았는지 나가고 없었어요. 저는 얼른 의자에 앉아 팔뚝을 걷었어요.

주사를 다 맞은 아이들은 대부분 학교로 바로 돌아갔어요. 하지만 오후 1시까지만 돌아가면 되기 때문에 몇몇 아이들은 보건소 앞에 모여서 수다를 떨고 있었죠. 저도 슬금슬금 아이들에게 다가갔어요. 아이들은 보건소에서 걸어 둔 포스터를 보며 이야기를 나누었어요.

"이거 봐. '우리 연결해요!'래. 몇 년 전부터 늘 이 제목이었던 거 같아."

포스터는 아픈 사람들을 위해 미래의 재산을 기부하라고 독려하는 캠페인 포스터였죠. 포스터에는 이런 문구가 더 있었어요.

비싼 치료약 때문에 고생하는 이 아이에게 당신의 미래를 연결해 주세요.

우리는 누구나 갑자기 아플 수 있고 사고를 당할 수 있습니다.

기부해 주신 분들은 나중에 우선적으로 연결 기부금을 받으실 수 있습니다.

당신의 미래 중 100,000분 1만 연결해 주세요!

캠페인에서 '연결하라'고 하는 건 '기부하라'는 뜻과 같아요. 매월 초가 되면, 제가 나중에 어른이 되어서 매달 얼마나 돈을 벌 수 있을지를 분석한 리포트가 날아와요. 저의 생활 패턴, 건강 상태, 성적과 특별 활동 등 모든 정보가 평가 기관에 전송되어서 분석이 가능하죠. 가장 최근에 배송된 리포트에서는 제가 30세가 되면 매달 3천만 원 정도를 벌 수 있다고 했어요. 물론 그때까지 특별한 일이 없다면 말이죠. 만일 제가 보건소의 연결 기부에 참여하면 30세에 벌 3천만 원의 10만 분의 1을 기부한다는 뜻이 돼요. 나중에 벌 돈을 지금 당겨서 기부하는 거죠.

하지만 엄마는 절대 연결 기부를 하지 말라고 하세요. 그 이유는 아빠 때문이죠. 아빠는 지금까지 40%가 넘는 연결 기부를 하셨어요. 할머니가 많이 편찮으셨을 때 나중에 벌 돈의 20%를 병원비로 썼고, 할머니가 돌아가신 뒤에도 할머니처럼 편찮은 노인분들을 위해 20%를 기부했죠. 한때 아빠는 틈만 나면 연결 기부를 했답니다.

그런데 철수는 연결 기부를 하기로 마음먹었나 봐요. 영희가 걱정스러운 표정으로 물었어요.

"철수야, 정말 할 거야?"

"음… 하고 싶은데. 일단 부모님하고 통화해 보려고."

철수가 스마트폰을 들고 부모님께 전화를 하러 잠깐 자리를 비켰어요. 다른 친구들도 할지 말지 고민하고 있었죠. 그때 영희가 제게 말을 걸어 왔어요.

"민수 너는 연결 기부 할 거니?"

영희가 저에게 말을 거는 일은 좀체 없어서 깜짝 놀랐어요. 그 바람에 제대로 된 대답을 못 하고 더듬거렸어요.

"그, 그게… 엄마가 너무 많이 연결하면 안 된다고 하셔서…."

아직 제 말이 다 끝나지도 않았는데 철수가 통화를 마쳤는지 다시 돌아왔어요.

“나 허락받았어. 오늘 이 아이에게 연결 기부를 할래. 이 아이 우리와 나이가 같은데 아파서 공부도 못 하고 놀지도 못해. 그래서 마음이 쓰여.”

철수의 말에 영희가 웃으며 말했어요.

“나도 이 아이에게 연결할래. 이 아이는 아픈 바람에 어른이 되어서 돈을 벌 가능성도 없다고 분석되었대. 그러면 지금 먹을 것도 없고 하루하루가 힘들 거야.”

영희 말대로 어른이 되어 돈을 벌 가능성이 없다고 판단되면 평가 기관에 아예 등록이 되지 않아요. 그러면 물건을 사기도, 병원에서 치료를 받기도 힘들어요. 지금 돈이 없어도 나중에 돈을 벌 거라는 기관의 보장이 있다면 당장 돈을 내지 않아도 물건을 사거나 치료를 받을 수 있지만 그게 아니면 모든 비용을 다 벌어서 내야 하거든요.

철수의 주도로 고민하던 아이들도 모두 손을 번쩍 들고 연결 기부를 하겠다고 나섰어요. 그 가운데서 저는 식은땀만 쭈뼛쭈뼛 흘렸어요. 저도 연결 기부를 하겠다고 나서고 싶었지만, 무시무시한 엄마의 얼굴이 계속 떠올라서 선뜻 말할 수가 없었죠.

결국 저는 고개를 푹 숙였어요.

"나는… 아무래도 안 될 것 같아…."

아이들은 모두 연결 기부를 하러 보건소로 들어갔어요. 저는 홀로 쓸쓸히 학교로 돌아갔죠. 하지만 이대로 포기하긴 싫어요. 엄마를 설득해서 반드시 영희에게 연결 기부를 한 제 모습을 보여 줄 거예요.

공부를 열심히 하고 다양한 활동을 한다면 평가 기관이 미래의 제 수입을 더 높게 평가할 거예요. 그 금액이 아주아주 크다면 엄마도 연결 기부를 한다고 했을 때 막지 못하시겠죠?

편석준 작가님의

특허 이야기

특허 이야기 11 | 몸속에 장치를 삽입해 질병을 예측하는 기술

구글은 **몸속에 센서를 포함한 장치를 삽입해 질병을 미리 알아내는 기술의 특허**(Aptamer-based Sensors, Implantable Devices and Detection System, US20160278638)를 냈어요.

병원에서는 질병 진단을 위해 다양한 검사를 하는데 대표적으로 혈액검사가 있어요. 혈액검사를 위해서는 병원에 가야 하고, 주사기로 혈관을 찔러 피를 뽑고, 검사에 따라 차이가 있지만 결과가 나올 때까지 며칠을 기다려야 하죠. 구글의 특허는 이런 번거로운 과정 없이 몸 안에 센서를 삽입해 언제든 혈액검사를 할 수 있게 해준답니다.

장치는 피부를 이루는 여러 층 가운데 하나인 진피층에 삽입돼요. 장치에는 혈액으로 빛을 보내고 돌아오는 빛을 받는 센서가 있어요. 혈액이 빛을 흡수하거나 반사하는 정도 등을 분석해 혈액을 검사하는 것이죠. 혈액 속에는 당, 염, 지방산, 아미노산, 조효소, 호르몬, 신경전달물질, 세포 폐기물 등 여러 물질이 혼합되어 있는데 각 물질에 따라 빛이 퍼지는 정도, 즉 빛의 산란도가 달라져요. 그것을 측정해 어떤 병이 있을지 예측하는 거죠.

장치에는 센서 외에도 채취한 정보를 외부로 보내는 통신 기술도 필요해요. 그래서 정보를 알아볼 수 있는 외부 장비가 있어야 하죠. 그림에서처럼 손목 밴드 형태의 장치 같은 것 말이에요. 외부 장비들은 피부에 삽입된 장치에 전력을 공급해 주기도 해요.

장치로 혈액을 검사하는 원리

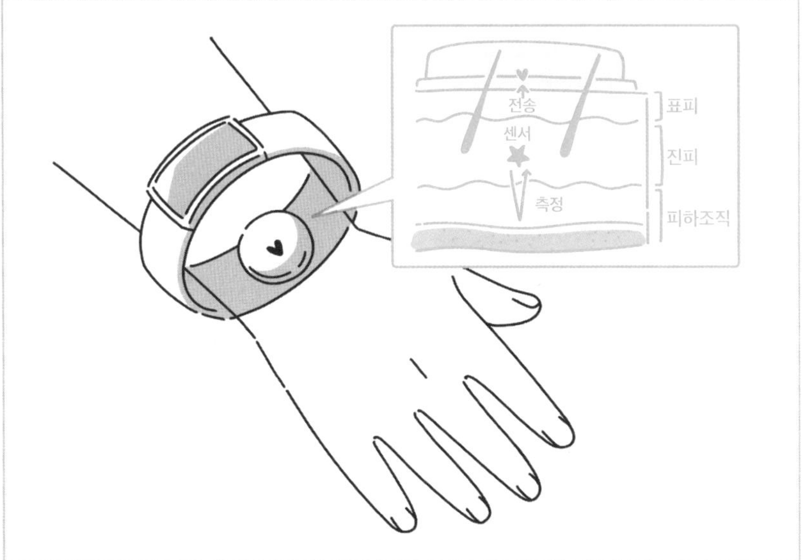

특허 이야기 12 | 몸속을 돌아다니며 암세포를 죽이는 나노입자

구글은 **혈관을 돌아다니며 암세포를 발견하고 없앨 수 있는 나노입자에 관한 특허**(근방의 자성 나노입자를 감지하기 위한 나노 다이아몬드 활용법, Method for using nanodiamonds to detect nearby magnetic nanoparticles, US20150377865A1)를 냈어요.

암이나 파킨슨병을 일으키는 것은 특정 단백질들이에요. 몸속에 들어간 나노입자들은 이 단백질들을 찾아내 빛나게 함으로써 어디에 있는지 알

나노입자가 작동하는 모습

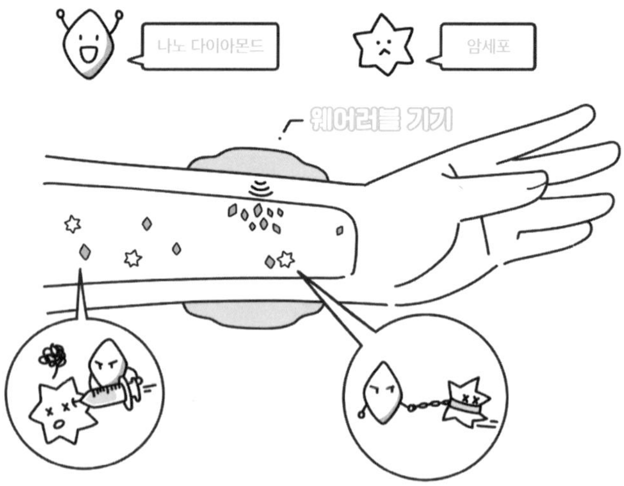

려 주고, 약물을 운반해서 파괴해 줘요. 이 나노입자들에게는 서로 끌어당기는 자성이 있기 때문에 나중에 한데 모아서 다시 몸 밖으로 빼낼 수 있어요. 손목에 차는 외부 장비로 이 모든 과정을 처리할 수 있지요.

여덟 번째 이야기

내 사랑 내 곁에

내 나이 열한 살. 다 컸다고들 하는 나이죠. 그래요. 저도 알 거 다 알고 모를 거 몰라요. 하지만 이 말할 수 없이 허전한 느낌은 뭘까요?

올웨이즈 녀석이 아직 축 늘어져 있었어요. 언젠가 할머니 댁이 있는 시골에서 큰 개가 저렇게 바닥에 누워 침을 흘리며 자고 있는 걸 본 적이 있죠. 우리 올웨이즈도 그렇게 퍼질러 자고 있는 것만 같아요. 아, 물론 올웨이즈는 침은 흘리지 않아요. 왜냐면 얘는 베개니까요.

엄마는 아직 일하느라 바쁘신가 봐요. 밤 10시에는 올웨이즈를 켜신다고 했는데 12시가 다 되어 가는데도 감감무소식이거든요. 아, 눈이 점점 감겨요.

촬영감독인 엄마는 핀란드에 가셨어요. 오로라를 촬영하러. 오로라를 더욱 생생하게 찍기 위해 바람과 향기, 온도까지 촬영한다고 하셨죠. 그러면 사람들 모두 언제 어디서나 황홀한 오로라를 볼 수 있겠죠. 카메라만 300대가 동원되었다던데…. 그게 다 얼마야…?

아우, 졸려…. 아빠는 경주에 갔는데… 왜 가셨더라…? 경주 비빔밥을 드시러 갔나…? 아, 비빔밥 생각하니 좀 배고픈 거 같아요…. 하지만 비빔밥은 전주가 유명한데….

아빠하고 엄마는 매일 여기저기로 뭔가를 촬영하러 가세요…. 그래서 저는 많은 밤을 혼자 보내고 있답니다….

부르르- 부르르르-

비몽사몽 중에 보랏빛 오로라가 보이는 듯했던 순간, 드디어 올웨이즈가 진동하며 은은한 노란 불빛을 냈어요. 엄마예요!

"로운아, 엄마야. 들리면 말해 줘."

"응… 엄마. 나 여기 있어."

"많이 졸린 모양이구나. 그냥 잘래?"

"아니. 안아 줘."

제 말에 엄마가 모양 변형 버튼을 눌렀는지 올웨이즈의 형태가 엄마처럼 변했어요. 올웨이즈는 실리콘과 나노 플라스틱으로 만들어져서 사용자가 스캔한 형태로 변신할 수 있죠.

"엄마 스캔 다 끝나서 전송 완료했어. 인증도 금방 끝날 테니, 조금만 기다려."

잠시 뒤 올웨이즈에서 엄마의 심장 소리가 들리기 시작했어요. 엄마가 몸을 스캔하고 본인 인증을 해서 올웨이즈에게 보내면, 올웨이즈는 엄마와 같은 키와 실루엣이 되고 엄마의 심장박동에 맞춘 리듬을 들려줘요. 얼굴이나 머리카락, 손톱과 발톱 같은 것은 아직 따라 할 수 없지만 심장 소리, 숨소리 같은 것만 들어도 꼭 엄마와 함께 있는 것 같죠.

"자장자장, 우리 로운이. 잘도 잔다, 우리 로운이."

올웨이즈에서 들리는 엄마의 자장가를 들으니 잠이 솔솔 오기 시작했어요. 엄마는 아마도 지금 핀란드 어딘가의 호텔 방이나 아니면 추운 야외 텐트 안에서 저를 위해 자장가를 불러 주고 계시겠죠. 엄마의 따스한 온기도 올웨이즈를 통해 전해졌어요.

그런데 소록소록 눈꺼풀이 가라앉고 드디어 잠에 빠질 때쯤, 갑자기 침입자가 등장했어요.

"로운! 아직 안 자는구나. 아빠가 동화책 읽어 줄까? 올웨이즈로 스캔해서 아빠가 책 읽어 줄게!"

아빠의 걸걸한 목소리에 잠이 확 달아났어요. 이런, 올웨이즈의 통화 기능을 엄마로만 제한해 뒀어야 했는데 깜빡했네요.

"아빠, 지금 엄마가 올웨이즈로 와 있어. 거의 잠들 뻔했는데. 아빠, 미워."

"헐… 아빠가 밉다니…."

속상해하는 아빠의 목소리가 들렸어요. 아마도 뒷머리를 긁적이고 계시겠죠. 하는 수 없네요. 제가 양보해야죠.

"알겠어요. 올웨이즈로 들어와서 책 읽어 주세요."

그러자 올웨이즈의 몸이 다시 부르르 떨리기 시작했어요. 그리고 올웨이즈는 조금씩 아빠로 변했답니다.

편석준 작가님의

특허 이야기

재밌는 이야기 1 | 체온을 느끼게 해주는 베개

멀리 떨어져 있는 소중한 사람의 온기를 바로 옆에서 느낄 수 있다면 얼마나 좋을까요? 이 소원을 이뤄 주는 베개가 있어요. 바로 **필로 톡**(Pillow Talk)이에요. 필로 톡이란 '침대에서 나누는 따뜻한 이야기'라는 뜻이에요.

멀리 떨어진 사람들을 연결해 주는 필로 톡

이 베개는 원래 멀리 떨어져 지내는 연인을 위해 나온 제품이죠.

필로 톡은 두 개의 베개를 네트워크로 연결해 두었어요. 그래서 두 사람 중 한 사람이 베개를 베고 누우면 압력 체크 센서가 눌리며 멀리 있는 다른 베개에 불빛(조명)이 들어와 상대방이 지금 누워 있다는 것을 알려 줘요. 또 손목 밴드 장비를 착용하고 베개를 안으면, 연결된 상대방의 베개가 빛나며 심장박동 소리까지 전달해 주죠. 베개에 스피커폰과 이어폰을 탑재하여 서로 통화도 할 수 있고, 온습도 센서를 통해 수면 중 몇 번 뒤척였는지도 확인할 수 있게 해준답니다.

질문이 있어요!

Q 신기한 로봇들 이야기가 재미있어요. 그런데 로봇은 언제 처음 탄생했나요?

A 처음에 로봇은 인간이 하기 싫은 일을 대신 해주는 존재로 고안되었어요. 로봇이란 말이 처음 등장한 것은 체코 작가 카렐 차펙(Karel Capek)이 1921년에 발표한 《로보트 R.U.R(Rossum's Universal Robots)》이란 희곡이었죠. 로봇은 체코어 '로보타'(robota)에서 온 말로 '고된 노역'을 의미해요.

오차 없이 일을 해내는 로봇은 인간의 일자리를 빼앗는 존재였어요. 1811년부터 1817년까지 영국에서는 러다이트(Luddite) 운동이란 게 벌어졌어요.

러다이트운동은 영국 산업혁명으로 기계가 인간을 대신해 많은 일을 하자 인간들의 일자리가 사라졌고, 이를 반대하여 일어났어요. 사람들은 직물 기계를 부수며 강력히 기계에 저항했습니다.

한 발 더 나아가, 이제는 미래의 로봇에 대한 공포가 생겼어요. 여기서 말하는 로봇은 인공지능을 지닌 로봇을 의미해요. 1999년에 나온 영화 〈매트릭스〉는 2199년의 현실을 다루고 있어요. 2199년, 인간은 인공지능 컴퓨터들이 사육하는 에너지원일 뿐이에요. 인간은 오로지 기계에 의해서, 기계를 위해서 태어나고 생명이 유지되는 존재라는 거죠.

하지만 최근엔 인간에게 위로를 주는 로봇의 개념도 등장했어요. 2014년 나온 영화인 〈HER〉에는 '사만다'라는 인공지능 운영 체계가 나와요. 남자 주인공 테오도르는 처음엔 사만다를 인공지능 비서쯤으로 여겼지만, 아내와의 별거로 겪는 외로움과 사회생활로 겪는 고민들을 사만다로부터 위로받으며 결국 사만다를 사랑하게 됩니다. 사만다는 여성의 목소리를 내지만 엄밀히 말하면 인공지능에겐 성별이 없어요. 그러나 테오도르에게 사만다는 사랑을 할 수 있는 존재이자 사랑하는 여자였어요.

인공지능을 가진 로봇과 인간이 사랑하고 결혼하는 미래가 올 수 있을까요? 혹은 똑똑한 로봇에게 인간은 지배당하게 될까요? 여러분도 미래의 로봇 세상을 상상해 보세요!

첨단 기술이 우리의 건강을 책임지는 날이 올 거예요!

우리의 건강한 삶을 도와주는 몇 가지 스마트한 제품을 소개해 볼게요.

구글은 손을 심하게 떠는 수전증 환자와 파킨슨병 환자들이 음식을 흘리지 않고 식사할 수 있게 도와주는 '리프트 웨어(Lift Ware)'란 이름의 스마트 스푼을 개발했어요. 사용자의 손 떨림 패턴을 읽어 낸 후 이를 상쇄하는 방향으로 스푼을 움직이는 거죠.

리프트 웨어가 손 떨림을 잡아 주는 모습

구글은 전 세계에서 19명 중 1명이 앓고 있는 당뇨병에도 주목했어요. 당뇨병은 인슐린이 적절히 통제되지 못해 발병해요. 인슐린은 우리가 먹는 음식을 에너지로 바꾸는 호르몬이죠.

당뇨병에 걸리면 몸의 혈당을 24시간 관리해야 하는데, 보통 손가락에 침을 찌른 후 나오는 피로 혈당 수치를 측정해요. 매번 이렇게 침을 찌르는 번거로운 검사를 하는 대신, 구글은 눈물로 혈당을 측정할 수 있게 해주는 스마트 콘택트렌즈를 개발했습니다. 렌즈를 끼고 있기만 해도 혈당이 실시간으로 측정되죠.

스마트 콘택트렌즈는 혈당뿐 아니라 대기오염 정도를 측정하고, 물건을 살 때 바코드를 읽어 결제까지 할 수도 있어요. 다만, 현재는 눈물로 당뇨병을 측정하는 방법이 부정확하다는 연구가 있어 개발은 중단된 상태예요. 하지만 구글은 언제라도 스마트 콘택트렌즈 개발을 다시 시작할 것입니다.

PART 5

사람이 사물을 다스리는 세상

아홉 번째 이야기

소라가 흘린 땀은 거짓말을 하지 않았다

6월 15일,

현재, 국회도서관 앞.

아, 떨려. 긴장감에 손에 든 보라색 종이 가방을 더욱 꼭 쥐었어요. 안 그래도 가슴이 쿵쾅대는데 국회도서관 입구를 지키는 경찰 아저씨가 뚫어져라 쳐다봐서 더 망설여졌죠.

하지만 연희 선생님께서 오늘 열리는 '어린이 과학 창의 대회'에 꼭 와달라고 하셨어요. 그리고 사실 저도 여기 오고 싶었어요. 빨간 하트가 그려진 종이 가방 속 물건 때문에라도 와야 했어요.

전 오늘 반드시 고백을 할 거예요! 반드시, 기필코!

휴, 계속해서 다짐을 해봐도 떨리는 마음은 진정되질 않네요. 불안한 손으로 안경을 올렸다 내렸다 할 때마다 여름의 구름도 높아졌다 낮아졌다 했어요. 그런 제가 답답했는지 경찰 아저씨가 다가왔어요.

"혹시 어린이 과학 대회에 왔니?"

"네…."

경찰 아저씨는 문을 열어 주며 건물 오른쪽 행사장으로 안내해 주셨어요. 밖에는 사람이 별로 없었는데, 행사장 안은 꽤 많은 사람들로 북적였어요.

그때 먼저 오신 연희 선생님께서 저를 발견하고 손짓하셨어요.

"소라야! 왔구나! 어서 와. 곧 시작한다니까 어서 자리에 앉자."

"네, 선생님."

한 손으로는 선생님 손을 잡고, 한 손으로는 종이 가방을 꼬옥 끌어안은 채 자리에 앉았어요. 행사장은 도서관의 강당이었어요. 앞에 반원형의 무대 위에서 여러 사람들이 행사를 준비하느라 분주했어요.

하지만 전 단번에 알아챌 수 있었어요. 무대 위의 많은 사람들 사이에서 홀로 생각에 잠겨 있는 동희를요. 고동희. 뭐든 일등만

하는 우리 반 킹카예요. 공부도 일등, 글짓기도 일등, 수학 경시대회도 일등, 축구 경기에서 골도 가장 많이 넣어요. 이렇게 동희는 재능도 많지만 전 동희의 차분한 눈빛을 보고 사랑에 빠졌어요. 항상 생각에 잠기는 표정을 짓는 동희는 그때마다 촉촉한 눈빛을 하거든요. 전 계절 중에 가을을 가장 좋아하는데, 동희의 눈빛을 보고 있으면 항상 가을인 것만 같아요.

"시작한다."

한참 동희 얼굴에 빠져 있을 때 대회가 시작할 때가 되었어요. 선생님 목소리에 퍼뜩 정신을 차리니 어느새 무대 위에는 다섯 개의 탁자가 놓였고 그 위에 대회 출품작들이 늘어서 있었어요. 각 출품작 앞에는 작품의 이름이 쓰인 팻말이 놓여 있었어요. 동희의 것에는 '나만의 비밀 서랍 만들기'라고 쓰여 있었어요.

나만의 비밀 서랍…. 저도 오늘 제 비밀 서랍에서 꺼내 온 비밀스러운 마음이 있어요. 누가 볼까 봐 오는 내내 얼굴을 붉혔죠.

"소라야, 소라야."

오늘따라 자꾸 딴생각에 빠지네요. 선생님이 여러 번 부르시는 소리에 그제야 정신이 들었어요. 선생님은 무대 위를 가리키셨어요. 뭐지? 선생님 손끝이 가리키는 곳을 향해 눈을 돌리니 정말 깜짝 놀랄 만한 것이 있었어요!

"선생님, 저건…!"

3월 15일, 3개월 전, 학교 방과후수업 교실.

어린이 과학 창의 대회가 열리기 세 달 전, 연희 선생님이 맡고 있는 과학 방과후수업 시간이었어요. 선생님은 곧 대회가 열릴 건데 나가고 싶은 사람이 있냐고 물어보셨어요. 대회에서 일등을 하면 미국에서 열리는 국제 대회에도 참가할 수 있다고 하셨죠. 비행기표도 공짜에 상금까지 받을 수 있다고 하니, 아이들 모두 눈이 반짝였어요. 저도 참가하고 싶은 마음이 있었어요. 제 꿈은 훌륭한 과학자였기 때문에 그 꿈에 닿는 의미 있는 한 걸음이 되겠다 싶었죠.

그때 가장 먼저 동희가 손을 들었어요. 동희는 생각해 둔 아이디어가 있다고 했죠.

"저는 '나만의 비밀 서랍'을 만들 거예요. 부모님이 제 방을 청소하시거나 동생이 제 방에 놀러 왔을 때 마음대로 제 책상 서랍을 뒤지거든요. 그 안에는 저만의 비밀들이 있으니 절대 열지 말라고 해도요. 그래서 서랍 안에 사람의 움직임을 감지하는 센서를 달려고요."

"와, 그러면 누군가 책상 서랍을 여닫을 때마다 컴퓨터에 기록이 남겠네?"

"네. 하지만 전 거기에서 그치지 않고 누가 서랍을 열었는지도 알고 싶어요. 그래서 동작 감지센서가 작동하면 자동으로 노트북 카메라가 사진을 찍게 만들 거예요. 사진은 곧바로 제 스마트폰으로 전송되죠."

마치 명탐정처럼 아이디어를 설명하는 동희에 우리는 모두 빠져들었어요. 저는 뒷자리의 동희를 쳐다보느라 목이 다 빠근할 지경이었어요.

"영화를 보면 아무리 금고를 튼튼하게 만들어도 똑똑하고 기술 좋은 도둑들이 훔쳐가 버리잖아요. 그걸 볼 때마다 생각했어요. '금고가 열리면 무조건 사진이 찍히도록 카메라를 설치하면 될 텐데' 하고요. 선생님, 제 아이디어를 실현하기 위해 카메라와 동작 감지센서를 연결하는 법을 알려 주세요!"

4월 15일, 1개월 전, 학교 방과후수업 교실.

그 뒤로 한 달간, 선생님과 동희는 매일 한 시간씩 대회에 출품할 작품을 만들었어요. 결선 전에 예선이 있는데, 딱 다섯 작품만 예선을 통과할 수 있었죠. 예선을 통과한 작품들은 국회도서관 대강당에서 열리는 결선에 나갔죠.

예선이 열리기 얼마 전, 저는 오후 4시에 있는 방과후수업에 지각을 하고 말았어요. 수업이 거의 끝날 무렵인 오후 5시에야 교실에 도착했죠. 조용히 뒷문을 열고 들어가려고 했지만 문을 여는 소리가 드르륵 하고 크게 났어요. 아이들이 저를 돌아보며 키득거렸어요.

선생님은 칠판에 '거짓말 측정', '땀', '전기', '발명가 윌리엄 마스턴' 같은 단어들을 적어 놓고 계셨어요.

"지각쟁이 소라는 얼른 자리에 앉으세요. 흠흠. 자, 지금까지 우리가 앞으로 한 달간 만들 거짓말탐지기에 대해 설명했어요. 이번엔 선생님이 가져온 진짜 거짓말탐지기를 구경해 볼까요? 한 달이 지나면 미래 과학자 여러분의 책상에도 이런 거짓말탐지기가 한 대씩 놓일 거예요. 혹시, 거짓말탐지기 성능을 테스트해 볼 학생 있나요?"

몇몇 아이들이 손을 들었지만 저는 손을 들지 않았어요. 거짓말탐지기라니? 늦어서 선생님 설명은 하나도 못 들었지만 거짓말을 들키고 싶지는 않았어요. 텔레비전에서 거짓말탐지기를 하면 전기가 찌릿하고 오르거나 심장박동 그래프가 마구 날뛰는 걸 본 적이 있었거든요. 그런 걸 친구들 앞에서, 그것도 동희 앞에서 보여 주긴 싫었어요.

그러나 선생님은 마치 지각한 벌을 주겠다는 듯 제 이름을 부르셨어요. 쭈뼛대며 앞으로 나가니 교탁 위에 여러 도구들이 잔뜩 놓여 있었어요. 선생님은 제 손바닥을 거짓말탐지기 위로 올리셨어요.

"소라는 오늘 왜 지각했나요?"

제가 대답을 망설이자 선생님이 말했어요.

"걱정 말고 대답해 봐요. 거짓말을 해도 전기가 찌릿 들어오지는 않으니까. 진실을 말하면 파란불, 거짓을 말하면 빨간불이 들어올 뿐이에요."

"그, 그게… 학교 끝나고 집에 잠깐 들렸는데, 집에서 깜빡 잠이 들었어요."

선생님은 슬쩍 제가 가져온 보라색 종이 가방을 바라보셨어요. 그사이에 거짓말탐지기는 제 거짓말을 알리듯 빨간불을 냈죠. 그러자 아이들의 질문 공세가 이어졌어요. 많은 질문에 하나하나 솔직히 답했지만 전부 빨간불이 들어왔어요. 진이 다 빠진 저는 마지막 질문에 답을 하고는 아예 패닉에 빠졌어요.

"소라야, 여기에 좋아하는 사람 있어?"

"응."

저는 동희를 생각하며 솔직하게 있다고 답했어요. 그런데 거짓말탐지기가 빨간불을 번쩍이는 게 아니겠어요? 이게 대체 무슨 일이지? 거짓말탐지기가 거짓말을 하다니!

거짓말탐지기에 빨간불만 들어온 바람에 전 한동안 거짓말쟁이로 불렸어요. 저는 너무 억울했지만 친구들은 제 말보단 거짓말탐지기를 더 믿었어요. 다 솔직히 말했는데, 특히 마지막 질문에 답할 때는 동희를 생각하면서 좋아하는 사람이 있다고 했는데 거짓말로 판명 난 게 너무 화가 났어요.

그날 제가 자리로 돌아갈 때 동희는 저를 본체만체했어요. 사실 저는 그날 동희에게 제 마음을 고백하려고 보라색 종이 가방을 챙기느라 지각한 거였어요. 그 안엔 제가 가장 좋아하는 제과점 주인아저씨에게 부탁드려 산 대왕 하트 초콜릿이 담겨 있었죠. 하지만 그날 동희에게 좋아한다고 고백했다면, 동희는 제가 거짓말을 하는 거라고 생각했을 거예요. 거짓말탐지기 때문에요.

수업이 끝나고 선생님은 저를 따로 불러 왜 지각한 것인지 물어보셨어요. 저는 솔직하게 말했어요. 그리고 제가 오늘 수업 시간에 거짓말한 것은 지각한 이유를 댔을 때뿐이었고 나머지 모든 대답은 전부 진실이라고 말씀드렸죠.

"거짓말탐지기가 거짓말을 한 거예요. 그 기계는 믿을 수 없어요."

선생님은 울먹이는 제 손을 잡아 주셨어요. 손에 땀이 흥건했어요.

"이런, 손에 땀이 많구나. 거짓말탐지기가 거짓말을 판별하는 방식은 여러 가지인데, 오늘 기계는 손에 흐르는 땀으로 거짓말을 판단하는 거였어. 사람은 거짓말을 하려고 긴장하면 손에 땀이 나거든. 땀에는 전기를 잘 통하게 하는 소금 성분이 있어서, 거짓말탐지기는 약한 전기를 쏘아 전기가 잘 통하면 그 사람이 거짓말을 하고 있다고 판단하는 거야."

"그럼 저같이 땀이 많은 사람은 무조건 거짓말을 한 게 되잖아요? 음… 선생님, 그럼 저 같은 사람을 위한 거짓말탐지기를 만들면 어떨까요? 손에 땀이 많은 사람이 무조건 거짓말쟁이가 되는 건 불공평해요. 땀을 많이 흘리는 사람은 평소에 흘리는 땀의 양을 먼저 측정해 놓고, 거짓말탐지기가 측정한 땀의 양에서 빼면 더 정확해질 거예요"

선생님은 제 말에 잠시 생각을 하시곤 이내 박수를 치며 말씀하셨어요.

"소라야, 정말 좋은 아이디어구나. 앞으로 한 달 동안 방과후수업에서 거짓말탐지기를 만들 건데, 소라 너는 다른 아이들과 조금 다르게 만들어 보자."

6월 15일, 다시 현재, 국회도서관 대강당.

선생님이 가리킨 곳엔 제가 만든 '땀이 많은 사람을 위한 거짓 말탐지기'가 놓여 있었어요. 선생님이 저 몰래 예선에 제 발명품을 제출하셨고 그게 예선을 통과한 거예요! 그래서 선생님이 오늘 무조건 오라고 하신 거였나 봐요.

"소라야, 네 발명품도 동희 것처럼 예선을 통과했단다. 놀랐지? 미안해. 네 아이디어가 너무 아까워서 선생님이 대신 대회에 냈거든. 미리 말 못 해줘서 미안하구나. 혹시 떨어지면 네가 속상할 것 같아서. 하지만 보렴. 네 뛰어난 아이디어가 치열한 예선을 뚫고 결선에 올랐어! 자, 어서 무대 위로 올라가 봐. 30분 뒤엔 네가 직접 발표를 해야 해."

"선생님, 제가 잘 이야기할 수 있을까요?"

갑작스러운 상황에 손에 땀이 차고 몸이 떨렸어요. 그러자 선생님은 저를 가볍게 안아 주셨어요.

"걱정 마. 거짓말탐지기를 만들 때 선생님과 이야기했던 걸 5분 정도로 줄여서 말한다고 생각해."

선생님의 얘기에 저는 다시 정신을 차리고 무대로 향했어요. 제 아이디어로 만든 거니까 세상에서 제가 제일 잘 설명할 수 있어요. 무대에 오르자 동희가 맞아 주었어요.

이윽고 사회자 선생님이 결선 시작을 알렸고, 저와 동희 그리고 다른 참가자들은 차분히 자신의 출품작을 설명했어요.

약 한 시간 정도의 시간이 흐르고, 드디어 일등을 뽑는 시간이 왔어요. 사회자 선생님이 일등의 이름이 적힌 카드를 들었어요.

"어린이 과학 창의 대회, 영광의 일등은…."

잠시 침묵이 흐르고, 사회자 선생님의 입에서 나온 이름은 정말 뜻밖이었어요.

"내일초등학교 5학년 유소라 학생!"

바로 제 이름이었어요! 저는 자리에서 펄쩍 뛰어 올랐어요. 옆에 있던 동희가 웃으며 축하해 주었어요. 객석에선 연희 선생님이 저보다 더 좋아하며 박수 치고 계셨죠. 부랴부랴 일등 트로피를 받고 기념사진을 찍자 대회가 모두 끝났어요.

동희가 다가와 저에게 말을 걸었어요.

"소라야, 일등 축하해. 미국에서 열리는 국제 대회에 참가하겠네? 부럽다!"

"고마워, 동희야."

"소라야, 괜찮다면 나랑 가끔 만나서 발명품 같이 만들지 않을래? 너와 이야기를 나누면 더 재미있고 유용한 아이디어들이 떠오를 것 같아. 그리고 내가 이번에 새롭게 만들고 싶은 발명품이 있는데 네가 도와주면 더 좋은 결과물이 나올 거 같아."

아, 이게 꿈은 아니겠죠? 동희가 저와 대화를 나누고 싶대요. 제가 거짓말쟁이라고 생각하지 않나 봐요. 좋아요. 지금이 기회예요!

"자, 이거 받아."

"이게 뭐야?"

오랫동안 간직했던 보라색 종이 가방, 그 속에 담긴 제 마음을 동희에게 전달했어요. 조금 떨렸지만 손에 땀이 흥건히 차오르진 않았어요.

"나 사실 너를 좋아해. 유소라, 고동희. 소라고동! 우리 이름처럼 잘 맞는 사이가 되면 좋겠어!"

드디어 고백을 전했어요. 과연 제가 흘려 온 땀은 거짓말을 하지 않을까요? 그때 동희가 환히 웃으면서 말했어요.

"소라고동! 참 재미있는데?"

순간 소란스럽던 대강당이 조용해졌어요. 마치 우리 둘만 남은 것처럼.

편석준 작가님의

특허 이야기

재밌는 이야기 2 | 인간을 판단하는 기계, 거짓말탐지기

어떻게 하면 상대방이 나에게 거짓말을 하는지 아닌지 알 수 있을까요? 이런 호기심에서 출발한 것이 바로 거짓말탐지기예요. 우리는 초능력자가 아니라서 어떤 사람의 말이 거짓인지 진실인지 완벽히 알기 어려워요. 하지만 거짓말을 할 때 인간에게 보편적으로 나타나는 신체 변화가 있다면, 그걸 토대로 이 사람이 거짓말을 하고 있는지 파악할 수는 있어요.

실제로 우리는 '침이 바싹바싹 마른다.'거나 '식은땀이 흐른다.', '소름이 돋는다.'와 같은 표현을 써요. 이 표현들은 사람이 외부 자극이나 긴장감 등에 의해 심리 변화가 있을 때 나타나는 몸의 반응들이에요. 즉, 이러한 반응을 토대로 분석하면 거짓말을 판별할 수 있죠. 물론 100% 확실한 건 아니에요. 그래도 의미 있는 참고 자료가 될 수 있어요.

미국의 심리학자 윌리엄 몰턴 마스턴(William Moulton Marston)은 1923년에 세계 최초로 거짓말탐지기의 검사 결과를 법정에 증거로 제출한 사람이에요. 마스턴은 만화 〈원더우먼〉을 그린 만화가이기도 해요. 당시 사건은 19세 소년이 어떤 사람을 죽인 혐의로 체포된 것이었어요. 이 사건에서 마스턴은 거짓말탐지기로 소년을 면담하여 그 결과를 토대로 소년이 무죄라고 결론 내렸어요.

하지만 당시 재판 담당 판사는 거짓말탐지기 결과가 증거로서 부족하다며 받아들이지 않았어요. 이에 소년은 종신형을 선고받았죠. 그런데 훗날 소년이 검사에게 보상받기로 하고 허위로 자백한 것이 드러나면서 다시 무죄를 선고받습니다. 그후 한참이 지난 1993년이 되어, 거짓말탐지기 결과는 사안에 따라 판사가 증거로 쓸지 말지 결정하는 방향으로 바뀌었습니다.

마스턴이 거짓말탐지기로 측정하고자 한 것은 혈압의 변화였어요. 범죄를 저지른 사람은 자신의 죄를 감추기 위해 초조, 불안, 흥분의 심리 상태에 빠지겠죠. 이러한 심리는 비정상적인 혈압을 가져올 것이라고 생각한 거예요. 물론, 범죄를 저지르지 않은 사람도 경찰서에 가서 심문을 받거나 '당신이 그 사람을 해쳤습니까?'와 같은 스트레스 강도가 심한 질문을 받으면 혈압의 수축·확장 정도가 평소와 달라질 수는 있어요.

이후로 거짓말탐지기의 측정 대상은 늘어났어요. 혈압뿐만 아니라 호흡과 맥박의 변화도 측정했죠. 거짓말탐지기는 영어로 '라이디텍터(lie-detector)'라고도 하지만 '폴리그래프(poly-graph)'란 말을 훨씬 많이 써요. 여기에서 'poly'는 그리스어로 우리말로 하면 '여러, 많은'이란 뜻이에요. 역시 그리스어인 'grapho'는 '쓰다'는 뜻인데, 결국 폴리그래프는 거짓말에 따라 변화하는 생리 변화를 차트나 컴퓨터 영상으로 표현하는 장치를 말해요.

현대의 거짓말탐지기(폴리그래프)의 기틀을 만들었다고 평가받는 레오나르드 킬러(Leonarde Keeler)는 거짓말하는 사람이 땀을 더 많이 흘린다는 것에 착안해, 땀이 흐르면 변화하는 피부 전기 반응까지 측정 대상에 포함합니다. 그는 이 방식으로 특허를 받았으며, 미국 FBI에서 구매한 첫 번째 거짓말탐지기 제작자로 이름을 올리기도 했어요. 그래서 킬러는 '거짓말탐지기의 아버지'라고도 불려요.

거짓말탐지기는 지금도 계속 발전하고 있어요. 또한 경찰서와 군대 등에서 많이 사용 중이랍니다.

질문이 있어요!

Q 땀으로 어떻게 거짓말을 판별할 수 있는 건가요?

A 사람 몸에도 전기가 흐르고 있다는 말을 들어 봤을 거예요. 그럼 만약, 손에 물기가 묻어 있다면 어떻게 될까요? 보통 손이 말라 있을 때는 피부에 얇은 기름 막이 덮여 있어서 전기가 통하기 어려워요. 그러나 손에 땀이 흐르면 땀 속 염분 때문에 전기가 잘 통하게 되죠. 염분은 바닷물에 들어 있는 소금기로, 전류가 잘 통해요.

손가락을 포함한 인간의 피부에는 땀샘(한선, 汗腺)이 있어요. 땀은 더위 같은 외부의 물리적 자극에 의해 땀샘에서 나와 흐르죠. 그런데 때론 정신적 자극에 의해서도 땀이 흐를 수 있어요. 가령 심문관으로부터 거짓말을 판별하기 위한 질문을 받으면 심리적 압박으로 초조해지면서 땀이 흐를 수 있답니다.

무시무시한 경찰관 앞에서 잘못을 숨기기 위해 거짓말을 하면 초조하고 불안해지면서 손끝에 땀이 흐를 거예요. 그러면 땀에 있는 염분 때문에 손이 말랐을 때보다 전기가 잘 흐를 거예요. 이때 저항값(전자의 이동을 방해하는 힘의 수치)이나 전류값을 측정해 그 변화를 보고 거짓말 여부를 알아내죠. 저항값이나 전류값 중 하나만 측정하면 돼요. 그 둘은 반비례 관계에 있으니까요! 아니면, 땀이 얼마나 흘렀는지 그 자체를 측정하는 방법도 있어요.

재밌는 이야기 3 | 냉철한 인공지능 판사

최근에는 인공지능 판사란 개념도 등장하고 있어요. 판사는 사건과 관련된 모든 사람의 증언과 증거를 보고 누가 죄를 저질렀는지, 죄가 있다면 어느 정도의 벌을 받아야 하는지를 정하기 때문에 정말 객관적이어야 해요. 하지만 사람이란 필요한 모든 정보를 수집할 수도, 분석할 수도 없어요. 그리고 분석이 된다 한들, 때로는 개인의 신념에 따라 판결할 수밖에 없을 때도 있죠.

그래서 객관적인 판결을 하기 위해 논의되고 있는 게 인공지능 판사예요. 다만 아직까지는 완전한 인공지능 판사를 도입하기엔 기술적으로 부족하고 사회적 합의도 이루어지진 않았어요. 그래도 법조계에서 인공지능을 활용하려는 시도가 서서히 보이고 있어요. 2017년 미국 위스콘신 주에서는 판사가 인공지능 알고리즘이 분석한 자료를 활용해 판결을 내렸어요. 판결까지 인공지능이 내리는 것은 아니고, 인공지능이 빅데이터를 기반으로 분석한 자료를 활용해 판결을 내린 것이죠.

판사만 인공지능 기술을 활용할 수 있는 건 아니에요. 변호사도 많은 자료와 데이터 분석이 필요하거든요. IBM이 만든 '로스(ROSS)'라는 인공지능 기반 법률 데이터 분석 시스템은 변호사에게 필요한 방대한 양의 법률 문서를 빠르게 분석해 줘요(1초당 10억 건). 든든한 비서인 셈이죠.

미국의 렉스 마키나(Lex Machina, Law Machine)는 기존의 판결 사례를 학습해 의뢰받은 사건의 승소율을 예측해 줘요. 사건을 맡게 된 담당 법원이나 판사의 성향까지 분석해 꽤 꼼꼼하게 예측한다고 해요.

중국에서는 판결의 효율성을 높이기 위해 몇 가지 시스템을 구축했어요. 기존의 판결들을 토대로 소송 당사자가 온라인의 가상 판사에게 질문하면 맞춤형 답변을 제공해요. 또 굳이 매번 법원에 모든 사람이 출석하는 것은 번거로우니, 온라인상에서 안면 인식을 통해 신분을 확인하고 음성 인식으로 진술 내용을 속기하고 증거 자료도 온라인으로 제출하죠. 물론 아직까지는 온라인 상거래나 지적 재산권과 관련된 다툼에 한정돼 있어요.

열 번째 이야기

사물들, 파업하다

오후 4시

주말 오후, 나른한 낮잠에 빠져 있던 저는 갑작스러운 속보 소식에 잠에서 깨어났어요. 긴급 속보가 뜨면 저절로 켜지는 텔레비전에서는 사이버 아나운서 제제가 빠르게 뉴스를 전달하고 있었어요.

“미국의 세계적 IT기업인 가글(Gaggle)의 사물인터넷 제품들이 일괄적으로 파업에 들어갔다는 소식입니다. 지금 가글 사는 이 문제를 최대한 빨리 해결하기 위해 노력 중이지만, 전 세계적으로 가글 사의 사물인터넷이 사용되고 있는 만큼 수많은 사고가 일어나고 있습니다."

그때 언니 방에서 비명이 들렸어요. 언니는 언제나 자기 기분을 거침없이 표현하는 성격이죠. 저랑 완전 정반대예요.

엄마와 함께 언니 방으로 달려가니, 언니는 얼굴 반만 화장을 한 채로 울상을 하고 있었어요.

"유진아, 무슨 일이니?"

"메이크업 기계가 갑자기 멈췄어. 나 오늘 5시까지 연우랑 만나기로 했는데, 이러고 어떻게 나가? 아, 지금 나가도 늦을 텐데."

"그러길래 엄마가 2시부터 준비하라고 했잖니."

"아, 몰라! 진짜!"

언니는 가글 사가 만든 메이크업 화장대를 썼어요. 이 화장대는 거울에 비친 사람의 얼굴 상태와 일정, 날씨 등을 고려해 오늘의 화장법을 추천해 줘요. 그리고 거울에 화장 순서를 영상으로 친절히 띄워 주죠. 영상 속도나 다시 보고 싶은 부분은 말로 명령하면 돼요.

하지만 가글 사의 사물인터넷 파업으로 화장대는 한쪽 눈 화장을 하는 것까지만 보여 주고는 그대로 멈춰 버렸어요.

"오늘은 럭셔리 콘셉트 화장을 추천받았는데, 이렇게 반만 화장해서는 광대 같잖아."

"언니는 스마트 거울 없이 화장할 줄은 몰라?"

"진유이! 네가 뭘 알아? 나는 처음 화장을 할 때부터 이 기계를 써왔다고!"

괜히 언니한테 말 걸었다가 불똥이 튀었어요.

잠시 뒤, 아빠가 문을 쾅 닫고 씩씩대며 들어왔어요. 오전에 골프 치러 오랜만에 나간다고 신나하셨는데, 갑자기 돌아오셔선 골프 가방을 신발장 앞에 내동댕이쳤어요.

"전자 골프채를 사는 게 아니었어. 공을 치려는데 갑자기 먹통이 되면서 자세가 하나도 잡히지 않더라니까? 공을 치는 족족 다 연못에 빠져서 다들 그냥 헤어졌어!"

전 고개를 갸웃대면서 말했어요.

"아빠, 진짜 골프 실력은 전자 골프채로 치지 않았을 때 나오는 거라고 하지 않았어? 언제 전자 골프채를 사셨대."

아빠는 겸연쩍은 얼굴로 절 보시더니 얼른 화장실로 들어갔어요. 하지만 이내 언니처럼 비명을 질렀어요.

"아니, 샤워기에서 물은 또 왜 안 나오는 거야?"

그야, 우리 집 샤워기는 개인의 샤워 습관에 맞춰 최적의 물 온도와 물 분사량을 조절해 주는 가글 사의 스마트 샤워기니까요.

슬쩍 아빠 골프 가방을 보니 '가글'이라고 새겨져 있었어요. 아빠의 전자 골프채가 파업하는 바람에 아빠의 골프 실력이 그대로 드러나 버리고 말았던 거죠.

한 시간 후, 오후 5시

엄마가 주방에서 투덜대는 소리가 들렸어요. 엄마는 오늘 저녁 약속이 있다고 했어요. 엄마 친구분의 딸이 결혼을 해서 한턱 얻어먹기로 하셨다고 했죠. 이렇게 약속이 있으면 엄마는 우리 저녁을 미리 만들어 두고 나가셨어요. 물론 요리는 주방의 사물인터넷들이 해주었죠. 레시피와 재료, 양념의 정량만 알려 주고 요리를 하라고 명령하면 주방 도구들이 알아서 요리를 해주었어요.

그런데 오늘은 웬일인지 아무리 명령을 내려도 주방 도구들이 움직이지 않았어요. 엄마는 싱크대에게 야채를 씻으라고 몇 번을 말하고, 렌지에도 해동을 하라고 몇 번을 말하고, 찬장이며 프라이팬이며 모든 도구들에 명령했지만 다 묵묵부답이었어요.

엄마는 잔뜩 인상을 쓰고 말했어요.

"오징어 볶음 요리 시작, 오징어 볶음 요리 시작…. 오징어 볶음 요리 시작하라고!"

엄마는 다른 말은 잊은 것 같았어요. 결국 엄마는 전화기를 들었어요.

"어… 미안해서 어쩌지? 나 오늘 약속 못 나갈 것 같아."

세 시간 후, 오후 8시

우리 가족들은 모두 성난 얼굴을 하고 있었어요. 찌개에선 김이 모락모락 나고, 달걀말이에는 당근과 대파가 사이좋게 섞여 있었어요. 하지만 달걀말이를 입에 넣은 언니는 곧바로 웩 하면서 뱉어냈죠.

"그냥 좀 먹으면 안 되니? 엄마가 약속도 못 나가고 오랜만에 만든 저녁인데. 하아… 서애 엄마가 딸내미 결혼한다고 한턱내기로 한 건데 아쉬워라. 그나저나 유진이 넌 연우랑 결혼 안 할 거니?"

"아니, 엄마. 지금 내 결혼 얘기가 왜 나와? 그리고 말했잖아. 연우랑 나는 결혼 안 하고 평생 연애만 할 거라고. 아, 진짜. 오늘 연우랑 109층 레스토랑에서 와인 한잔 마시기로 했었는데. 와인은 무슨, 엄마표 소금 말이를 먹을 줄이야!"

"진유진! 그게 엄마 탓이니? 사물인터넷이 파업을 했는데 어떡하라고?"

엄마와 언니의 말다툼이 조금씩 심각해져 갔어요. 저는 요리조리 눈치를 보느라 바빴고 아빠는 나서서 중재해 보려 하셨어요.

"유진아, 엄마가 일부러 그랬니? 아빠야말로 오늘 정말 힘들다. 6개월 만에 골프 약속이 잡혔는데 스윙 한번 제대로 하지 못하고, 얼마나 속상한 줄 아니?"

저마다 하소연하기 바쁜 식탁이었어요.

한 시간 후, 오후 9시

아빠가 식탁을 두 손바닥으로 탁 치면서 일어났어요.

"아까운 토요일 저녁을 이렇게 망칠 순 없어. 행복해지자!"

갑작스러운 선언 뒤에 아빠는 베란다에서 먼지 묻은 기타를 가져오더니, 옛날 노래를 부르기 시작했어요. 아빠가 노래를 부르는 동안 언니와 엄마는 인상을 잔뜩 찌푸리고 있었어요. 아빠는 분위기도 파악하지 못하고 두 번째, 세 번째 노래를 연이어 불렀어요. 그러자 엄마는 포기했는지 노래를 따라 흥얼거렸어요.

저는 이때다 싶어 자리에서 일어나 엉덩이를 흔들며 춤을 췄어요. 그러면서 언니에게 슬쩍 윙크를 했더니 언니도 일어나 짧게 춤을 췄어요. 표정은 여전히 탐탁지 않았지만요.

한바탕 노래를 부른 우리 가족은 토마토를 먹으면서 텔레비전을 틀었어요. 이렇게 모여서 텔레비전을 보는 게 몇 년 만인지 모르겠어요. 요즘 인기 있다는 오락 프로그램을 보며 웃고 떠드는데 갑자기 속보가 떴어요. 다시 나타난 제제 아나운서가 말했어요.

"가글 사에서 드디어 파업의 원인을 찾아냈다고 합니다. 이번 파업은 가글 사의 인공지능 개발자 슈메이커가 주도했다고 합니다. 슈메이커는 가글 사에서 가장 뛰어난 인공지능 개발자로 가글 사의 사물인터넷 제품들의 작동 원리를 설계했었는데요. 그는 남극의 빙하가 녹아 남극의 펭귄들이 살 곳을 잃어 가는 현실을 세계에 알리고자 이번 파업을 주도했다고 합니다. 이 파업을 위해 가글 사의 사물인터넷에 전기 에너지 사용량이 일정 수준을 넘어가면 환경 보호 차원에서 제품이 정지되도록 코딩해 두었던 것입니다. 현재 가글 사는 해당 코딩을 삭제할 방법을 찾고 있지만, 완료하는 데까지는 며칠 더 걸릴 것이라고 밝혔습니다."

우리의 삶을 아주 편리하게 해주었던 사물인터넷이 멈추고 나니, 오히려 사람들이 바보가 된 것 같았어요. 이번 파업을 주도한 슈메이커라는 사람은 환경 보호는 물론이고 사람들이 기계에 너무 의존해 가는 현실을 걱정한 것은 아니었을까요?

특허 이야기 13 | 안락한 우리 집을 만들어 주는 스마트홈

구글은 **스마트홈**(Devices, methods, and associated information processing for security in a smart-sensored home, US20140266669A1) 특허에서 사람의 지시 없이도 집 안의 사물들이 알아서 척척 움직이는 모

습을 그려 냈어요. 스마트폰처럼 스마트하게 움직이는 집의 기능들에는 어떤 것들이 있을까요?

① **스마트 온습도 조절기**: 집 안의 온도와 습도를 분석하고 맞춤 제어해 에너지를 절약해 주고 집안을 쾌적하게 만들어 줘요. 사람들이 자꾸 온도를 조금씩 낮추면 그것을 학습해 나중에는 별도로 온도를 조절하지 않아도 기본 온도를 낮게 설정해 주죠. 또 이 집에서 평일 오후 5시가 될 때마다 온도와 습도가 올라간다면 보통 그 시간에 요리를 한다는 것을 인지하고, 그에 맞춰 쾌적하게 온도와 습도를 조절해 줍니다.

② **스마트 위험 검출기:** 연기, 불, 일산화탄소 같은 위험한 물질을 감지하거나 지진이나 화재가 발생하면 가족에게 알려 주는 기능을 하는 장치예요. 위험을 알리는 방법은 사람이 밖에 있을 때는 메시지로, 집 안에 있을 때는 경보음과 음성으로 알릴 수 있어요. 또는 디스플레이나 바닥에 경고 문자를 쏴 시각적으로 알릴 수도 있어요. 또한 위험 요소가 발생했을 때 알려 주기도 해요. 집의 이산화탄소 수준이 지난주보다 높아졌다면 이를 알려서 전문가를 불러 점검해 보게끔 해주는 것입니다. 앞으로의 집들은 마당이 있는 집보단 아파트와 같이 폐쇄적인 형태일 것이기 때문에 집 안에 들어온 미립자, 먼지, 꽃가루, 곰팡이 등이 잘 빠져 나갈 수 있게 해주기도 할 거예요.

③ **스마트 도어벨:** 허가받지 않은 사람이 현관 앞에 있으면 가족이 집 안에 있든 밖에 있든 메시지나 음성으로 알려 줘요. 미리 등록된 사람이 접근하면 접근 중이라고 알리고 자동으로 문을 열어 줄 수도 있어요. 아기가 있는 집에는 도어벨의 디스플레이에 '아기가 자고 있어요. 벨을 누르지 마세요.' 라고 띄울 수도 있죠.

④ **스마트 스위치:** 집 안에 아무도 없으면 콘센트에 플러그가 꽂혀 있더라도 전력이 공급되지 않게 해서 에너지를 아껴 줘요. 그리고 평소 가족의 이동 경로에 맞춰 자동적으로 불을 끄고 켜줄 수도 있어요.

⑤ **스마트 야간 조명:** 빛의 강도를 스스로 조절할 수 있어요. 밤이 되면 햇빛이 약해지니까 집 안의 조명은 더 밝게 조절합니다.

⑥ **스마트홈 금고:** 귀중품을 보관한 금고를 누군가 강제로 열거나 가져가려고 하면 가족들에게 알리고, 가져가면 GPS 장치가 있어 추적할 수 있어요.

⑦ **안심 휴가:** 스마트홈은 가족들이 각 방에서 보낸 시간과 움직임을 체크하기 때문에 가족이 휴가를 떠나면 알아서 에너지 소비를 줄이고 보안 강도를 높여요. 이 정보를 보안 회사와도 공유해 허가받지 않은 사람이 집에 침입했을 때 빨리 출동할 수 있게 해주죠. 그뿐 아니라 휴가 중이라고 해도 스마트홈은 평소 가족들의 습관에 맞게 거실이나 방의 조명을 껐다 켰다 할 수 있어요. 그러면 사람이 집에 있는 것처럼 보여 도둑을 막을 수 있거

든요.

⑧ **스마트 수리:** 집 안에 수리할 것이 있을 때 알려만 주면 자동으로 수리 업체들로부터 수리 견적을 받아 보고, 그중 마음에 드는 업체를 골라 수리를 맡길 수 있어요.

⑨ **스마트 해충 검출:** 설치류, 흰개미, 바퀴벌레, 그 밖의 해충들이 어디에서 어떻게 행동하고 있는지 오디오 센서, 진동 센서, 모션 센서 등을 통해 파악할 수 있어요.

⑩ **긴급 사고 대비:** 노인이 침실이나 욕실에서 넘어져 평소와 다른 진동이 발생하면 가족들에게 알려요. 또 넘어져 일어나지 못하는 사람이 '도와줘.'라고 말하면 오디오 시스템을 통해 가족들에게 사고를 공유할 수도 있어요.

⑪ **패닉 제스처:** 집 안에 강도가 들거나 화재 등의 응급 상황이 발생해 밖으로 나갈 수 없는 상황이면, 천장 등의 카메라를 향해 미리 정해 놓은 제스처를 하여 경찰을 부를 수 있어요.

⑫ **이웃 보안:** 화재가 발생하면 이웃들에게 알려 줄 수 있어요. 또 범죄자가 도망치고 있을 때 이웃집들의 실외 조명이 자동으로 켜져 검거를 도와줄 수도 있죠. 실종된 아이나 반려동물을 찾기 위해 이웃집들의 스마트홈 장비들을 연동할 수도 있고, 가족이나 이웃 중 누군가 독감에 걸리면 아이들이나 노약자 보호를 위해 알림을 줄 수도 있어요.

⑬ **보안 스코어:** 전 세계의 집에서 보안 설정·습관 데이터, 전력 소비 데이터, 집 안에 있는 시간, 공기의 질 데이터, 취침·취사 시간 데이터, 실내·실외 온습도 데이터, 텔레비전 시청 데이터, 실내외 소음 데이터 등을 수집해 우리 집의 보안 랭킹이 지역이나 세계에서 몇 위인지를 파악하게 해줘요. 이 중 보안 설정·습관 데이터란 규칙적으로 문을 잠그는지, 이상한 움직임을 감지할 수 있는 센서들이 충분히 설치돼 있는지, 공기 중에 독성물질이나 발암물질이 얼마나 검출되고 있는지, 아이가 밤 9시에 이후에 집에 혼자 있는지 등을 모두 체크해 자료를 모아 둔 것을 말해요. 안전하고 건강한 집을 만들기 위한 캠페인으로, 보안 스코어가 높은 집에는 쿠폰을 주어 독려할 수도 있겠죠?

질문이 있어요!

Q1 사물인터넷은 어떻게 인간을 인식하나요?

A1 우리는 뜨거운 물에 손을 넣었을 때 물이 뜨겁다고는 느끼지만, 정확히 몇 도인지는 몰라요. 하지만 온도 센서는 '절대적으로' 그것이 몇 도인지 측정해 알려 줘요. 커피포트에 온도 센서를 장착하고, '섭씨 100도가 되면 물 끓이는 것을 중지'하라고 설정해 두면, 100도가 되었을 때 커피포트가 자동으로 꺼

지게 되는 것이죠.

센서(sensor)는 인간의 감각(sense)에서 유래된 이름이지만, 사물인터넷에 심는 센서는 사람의 감각과는 달리 정확한 수치로 결과값을 알려 줍니다.

사실 센서는 완전히 새로운 장치가 아니에요. 우리가 흔히 보는 자동문도 위에 사람의 움직임을 감지하는 모션 센서가 있어서 우리가 오는 걸 알고 자동으로 열리는 거예요. 화장실에서 손을 말리는 핸드 드라이어는 적외선 센서가 달려 있어 손을 가까이 대면 인지하고 바람을 내보내죠. 그 바람을 몇 초간 어느 정도 세기로 쏠지는 미리 설정되어 있고요.

이렇게 사물에 센서를 붙이고 멀리서도 원격 조종할 수 있게 통신 부품도 붙여 놓아서 사물들이 작동하는 거랍니다.

Q2 특이한 사물인터넷 제품에는 어떤 것들이 있나요?

A2 '세계 최초의 휴대용 전자 코(World's first portable electronic nose)'라는 슬로건을 가진 페레스(Peres)란 제품이 있어요. 페레스를 손에 들고 냉장고 속 돼지고기, 소고기, 닭고기, 생선 위를 스캔하면 각 음식 재료의 신선도와 건강 유해 여부, 식중독 위험 상태를 확인할 수 있어요. 이게 가능한 이유는 페레스에 내장돼 있는 다양한 후각 센서들 덕분입니다.

스킨 케어 제품도 소개해 볼까요? 사람마다 피부 특징이 다르죠. 그래서 각자에게 맞는 화장품과 세안법도 달라요. 그렇다고 내 피부의 특징은 뭐고 잘 맞는 제품은 뭔지 쉽게 알 수 있느냐 하면 그것도 아닙니다. 피부과를 가지 않고서는 잘 알기 어려워요.

이런 문제 인식을 바탕으로 나온 사물인터넷 피부 관리 서비스가 바로 오쿠 스킨 케어(Oku skin care)입니다. 이 제품을 피부에 가져다 대면 피부의 상태, 습기, 자외선 노출 정도 등을 측정할 수 있어요. 측정한 데이터는 계속 축적하여 사용자에게 알려 주죠. 이를 바탕으로 화장품을 고르면 도움이 많이 될 거예요.

스마트한 농구공도 소개할게요. 94피프티(94fifty)에서 만든 스마트 농구공은 공 안에 센서를 넣어 슛 각도와 회전수, 드리블 횟수, 패스를 받고 슛을 하기까지의 시간 등을 측정해 스마트폰으로 전송해 줍니다. 이 데이터들이 쌓이면 선수는 자세를 교정하는 등 자신의 약점을 개선할 수 있습니다.

오쿠 스킨 케어 사용 모습

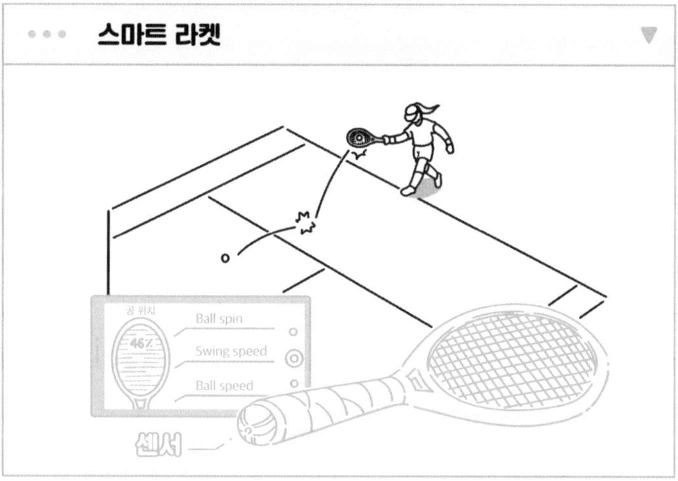

소니 스마트 센서라는 제품은 라켓의 그립 부분에 장착하는 것으로, 라켓의 어느 부분에 공이 맞았는지, 볼의 속도와 스핀, 라켓의 속도와 타격 자세 등을

분석해 줍니다. 또 동영상 녹화 기능까지 제공해 영상 정보와 센서 데이터 정보를 종합 분석함으로써 좋지 않은 자세를 고쳐 실력 향상을 도와줘요.

PART 5를 마치며

더욱더 신속하고 정확하며 착한 디지털 세상을 만들어요!

사물들이 정말 파업을 일으킬 수 있을까요? 네. 그럴 수 있어요! 모든 것이 연결되는 나라로 향해 가고 있는 '에스토니아'의 이야기를 살펴 보죠.

에스토니아는 발트해에 위치해 있어요. 인구는 133만 명이고 면적은 남한의 절반에 조금 못 미쳐요. 에스토니아는 지리적 위치 때문인지 독일, 스웨덴, 덴마크, 폴란드, 러시아에 침략당한 역사가 있어요.

황제가 통치하던 제정 러시아가 1917년 10월 혁명(세계 최초의 공산주의 혁명)에 의해 무너지며, 에스토니아는 1918년 2월에 독립했어요. 하지만 2차 세계대전 중에 소련과 독일은 비밀 협약을 맺었고 에스토니아를 포함한 발트삼국은 소련(소비에트 연방국)의 통치하에 두기로 했어요. 소련은 1940년에 에스토니아를 점령했고 결국 소련에 병합되었어요. 에스토니아가 다시 독립을 쟁취한 것은 소련이 붕괴된 해인 1991년 8월 20일이에요. 이날은 에스토니아의 국경일이 되었어요.

1991년 에스토니아는 독립했을 때 정부 예산이 1억 3,000만 유로에 불과했어요. 당시 독일연방 정부 예산이 2,081억 유로였는데, 그것의 약 1,600분의 1 수준이었죠. 에스토니아는 제조업과 화학 산업 발전에도 힘썼지만 동시에 디지털 산업에도 집중하기 시작했어요. 일단은 정부 운영을 위해

에스토니아의 위치

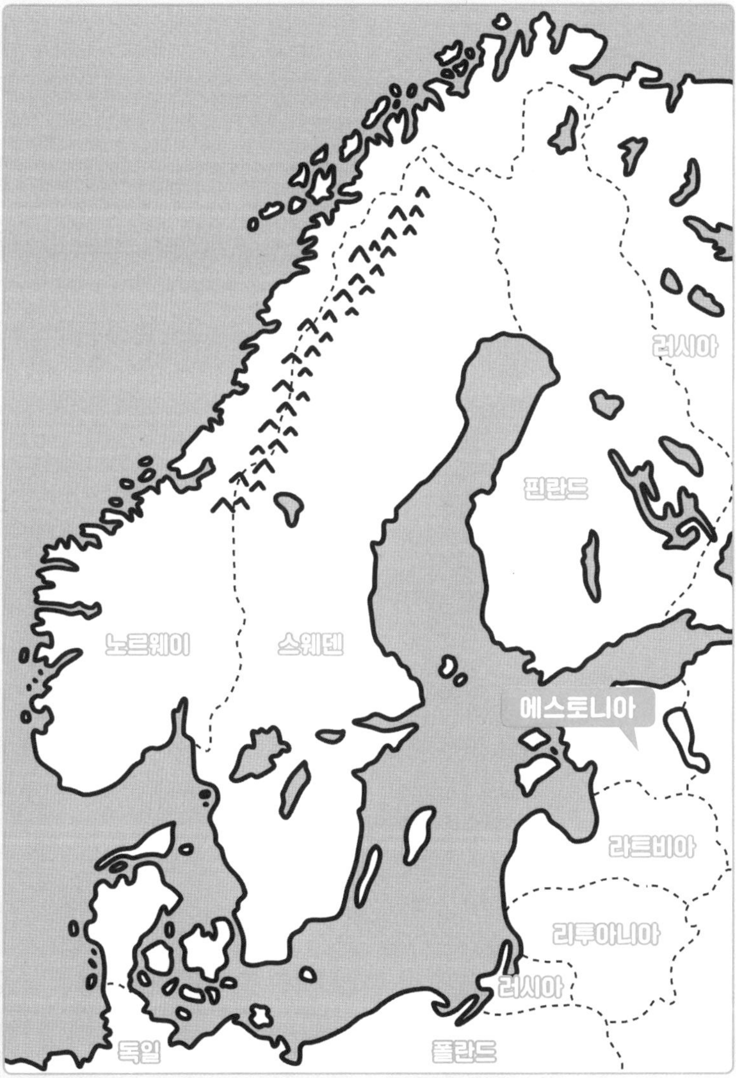

서 관공서와 다양한 인프라 시설을 확충해야 했는데, 이를 지을 만한 예산이 부족해 디지털 서비스에 초점을 맞춘 것이 시작이었어요.

에스토니아가 디지털 강국이 된 다른 이유를 꼽자면 다음과 같아요.

첫째는 수도 탈린(Tallinn)이 1960년대 이후 소련의 사이버네틱스(Cybernetics, 인공지능·제어공학·통신공학을 종합적으로 연구하는 학문) 연구 기관의 핵심 지역이었기 때문에 정보 기술 인재와 노하우가 쌓여 있었다는 것입니다. 둘째는 기질적으로 에스토니아 사람들은 가장 조용한 민족이기 때문이에요. 사람을 마주하면서 얘기하는 것보다 디지털을 이용해 커뮤니케이션하는 게 더 편한 사람들인 거죠.

에스토니아는 1994년부터 본격적으로 디지털화 작업을 시작했고, 2001년에는 국민의 다양한 정보를 데이터베이스화하기 시작했습니다. 2007년에 러시아로부터 대규모 사이버 테러 공격을 받으면서부터는 개인 정보 보안에 더 신경을 쓰기 시작했어요.

2005년에는 전자 투표를 시작해 해외에 있는 국민도 전자 방식으로 간단하게 투표를 할 수 있게 했어요. 원래 국회의원 선거 투표율이 아주 낮았는데 전자 투표 방식으로 바꾼 후 25%까지 올라가기도 했어요.

2006년부터는 법원 시스템도 디지털로 바꾸어서 국민 모두 판결에 대한 정보를 쉽게 열람할 수 있게 됐고, 판사에게 재판이 할당되는 것도 피고인에게 소환장이 나가는 것도 모두 자동으로 바뀌었어요.

2007년부터는 행정 업무도 본격적으로 디지털화되어 결혼, 이혼, 부동산 거래 이 세 개를 제외하고는 모두 온라인과 모바일로 간단하게 처리할 수 있게 됐어요.

2008년부터는 의료비 절감과 국민의 건강을 향상시키려는 목적으로 모든 의료 정보 데이터를 통합해 관리하기 시작했어요. 전자 건강 기록(Electric Health Record)이란 이름으로 국민의 건강정보를 디지털화해서, 환자와 의사가 보안 속에서 열람 가능해요. 예를 들면, 의사는 응급 상황 발생시 환자의 신원이 확인되면 전자 건강 기록을 이용해 환자가 현재 앓고 있는 질병이나 알레르기 등을 볼 수 있어요. 환자 역시 자신의 기록을 언제든지 확인할 수 있으며, 전염병이 발생하는 경우 추적도 어렵지 않게 가능해요.

2015년에는 전자 시민권(e-Residency)이란 이름으로 전 세계의 누구라도 조건을 갖추고 18세만 넘으면 에스토니아에서 회사를 차릴 수 있게 했어요. 에스토니아는 정부 행정 처리가 디지털화돼 있기 때문에 회사 설립하는 데 30분 정도면 가능하다고 해요. 98%의 사람이 온라인으로 회사를 설립하는 것을 선호하며 모든 은행 거래의 99.8%가 온라인으로 이루어져서 운영에 큰 문제가 없다고 하네요. 2016년 말까지 1만 5,000명이 전자 시민권을 등록했으며 약 1,000개 기업이 설립되었다고 해요.

2017년에는 룩셈부르크에 데이터 대사관을 설치해 룩셈부르크에 있는 에스토니아인들도 편리하게 자국의 디지털 정부 서비스를 이용할 수 있게 했어요.

마지막으로 2019년에는 간단한 판결에 인공지능 판사를 도입하기로 결정했어요. 기존의 판례를 인공지능 기반으로 분석해 적은 금액이 걸린 재판(7,000유로 이하의 소액 재판)부터 2020년 말경에 시작해, 차차 민사·형사 재판에까지 활용하는 것을 검토하고 있어요.

에스토니아, 정말 멋진 나라죠? 디지털 영역에서 우리나라보다 앞선 부분들이 많네요. 하지만 걱정 없어요. 이 책을 보는 여러분이 미래의 우리나라를 더욱 편리하고 효율적이며, 사람에게 도움이 되는 디지털 나라로 만들 테니까요!

여러분도 세상을 바꿀 특허의 주인공이 될 수 있어요!

자, 여러분. 책을 다 읽은 소감이 어때요? 이 책에 있는 특허를 보고 새로운 이야기가 떠올랐나요? 아니면 세상을 바꿀 만한 특허가 생각이 났나요? 기회가 되면 아저씨가 '특허 동화 대회'를 열 수도 있으니, 미리 상상해 두기 바라요.

마지막으로 아저씨가 들려줄 이야기가 있어요.

창의(創意)라는 단어를 들어 봤죠? 창(創)은 음을 나타내는 창(倉)과 뜻을 나타내는 칼 도(刀 = 刂) 자로 이루어진 한자예요. '새기다'란 의미를 담고 있어요. 원래 창(創)은 갓 수확한 곡식을 담아 두는 곳이었는데, 사람들이 창고 앞에 자신의 이름을 새겨 각자의 소유 분량을 표시했었기 때문에 그런 의미를 갖게 된 건지도 모르겠어요.

그리고 의(意)는 '뜻'을 말하는 것이에요. 그래서 '창' 자와 '의' 자가 합쳐진 '창의'는 '뜻을 새기다'란 의미가 되죠. '세상을 창조했다'란 뜻의 창세(創世)도 조각가가 칼 등의 도구로 조각상을 만드는 것처럼, 품은 뜻대로 세상을 만든 것을 말해요.

세상을 바꾸고 싶다면, 세상을 바꾸는 사람이 되고 싶다면 먼저 뜻을 품어야 해요. 여러분은 어떤 뜻을 품고 싶으세요? 너무 먼 얘기처럼 들린다면 삼촌을 행복하게 하고 싶었던 잭 안드라카 이야기를 들어 보세요.

2012년에 15살의 나이에 잭 안드라카는 췌장암 조기진단법을 만들었어요. 췌장의 역할은 크게 두 가지로 하나는 음식의 분해를 돕는 효소와 호르몬을 분비해 우리가 먹은 음식물을 영양소로 전환하는 것이고, 다른 하나는 인슐린이란 호르몬을 만들어 혈류에 뿌려 몸의 혈당치를 조절하는 거예요. 이렇게 중요한 췌장은 몸속 깊은 곳에 있어 암이 생겨도 빨리 발견하기 어려워요. 그래서 췌장암 환자의 85%가 조기진단을 받지 못하죠.

안드라카가 사는 미국에서는 췌장암이 의심되는 환자의 피를 뽑아 실험실로 보내는데, 문제는 검사법 자체도 60년이 지난 것이고 검사비도 한 번에 800달러나 든다는 거예요. 게다가 정확도는 70%에 그치죠. 나머지 30%는 췌장암인데도 검사로 발견하지 못합니다. 아이폰을 만든 스티브

잡스도, 세계 3대 테너로 불렸던 루치아노 파바로티도 췌장암으로 세상을 떠났죠.

그런데 잭 안드라카는 어떻게 15살이란 어린 나이에 췌장암 조기진단법을 발명한 걸까요?

친한 친구가 많이 없었던 잭 안드라카는 어릴 적부터 외삼촌인 테드와 친하게 지냈어요. 그런데 외삼촌 테드가 췌장암으로 확정된 지 불과 6개월 만에 세상을 뜨고 말았어요. 이때부터 잭 안드라카의 연구가 시작됐어요.

잭 안드라카가 맨 처음 한 일은 구글 검색창을 열고 '췌장암?'이라고 입력한 다음, 검색 결과로 나온 위키피디아의 췌장암 본문을 읽는 거였어요. 잭 안드라카는 과학적 호기심이 전혀 없는 아이가 아니었지만, 그 역시 췌장암 같은 의학 지식은 적었던 거죠.

공부를 해보니 췌장암의 본질은 조기 발견이 힘들다는 것이었어요. 그래서 잭은 주변 사람들이 테드 삼촌처럼 안타깝게 죽지 않도록 췌장암 조기진단기가 있으면 좋겠다고 생각했죠. 이후 잭은 췌장암을 조기진단하려면 무엇을 알아야 하는지 열심히 찾아봤고, 췌장암 초기에 나타나는 단백질을 찾으면 조기진단을 할 수 있을 거라고 판단하게 되었어요.

문제는 단백질 종류가 무려 8,000가지나 된다는 거였어요. 어떤 단백질이 췌장암 초기 단계에서 나타나는지는 잭이 8,000개의 단백질을 일일이 테스트해 보며 찾아야 했어요. 어떤 단백질의 경우는 몇 시간 안에 실험이 끝났지만 어떤 것은 며칠이 걸리기도 했어요.

또 잭이 알기 어려운 내용들은 박사님들의 논문을 찾아봐야만 했죠. 잭은 정말 엄청난 시간을 들여 어려운 논문도 읽고 책도 보면서 실험을 해나갔어요. 이런 힘든 과정을 거쳐, 잭은 마침내 췌장암 초기 단계에서 메소텔린이란 단백질이 발현한다는 것을 발견했어요.

하지만 여기에서 끝은 아니었죠. 우리 몸속의 일을 어떻게 정확하게 외부에서 확인하느냐가 문제였죠. 정확하고 빠르게, 가능하면 저렴하게 검사할 수 있는 방법을 찾아야 했어요.

잭은 진단법에 대한 아이디어를 생물 수업 시간에 떠올렸어요. 그때 수업 내용은 항체가 특정 단백질에만 반응한다는 내용이었어요. 사실 잭은 수업 중에도 췌장암 조기진단 연구를 위해 나노 튜브에 관한 어려운 논문을 몰래 읽고 있었어요. 나노 튜브는 머리카락의 5만 분의 1 크기로 얇고 기다란 관이에요. 나노 튜브에 단백질 메소텔린에 반응하는 항체를 섞으면, 항체들이 메소텔린에 반응하기 위해 나노 튜브를 끊고 갈 거란 생각이었어요. 나노 튜브와 항체를 섞은 것을 종이를 바른 다음, 췌장암 검진자에게서 뽑은 피를 조금 넣으면 그 반응이 일어나는 것이죠. 항체가 나노 튜브를 끊고 가는 것을 측정하는 방법은 나노 튜브 다발들이 끊어지기 시작하면 전자들이 돌아다닐 수 있는 공간이 줄어들어 자주 부딪치고 그만큼 저항이 늘어나거든요. 그것을 측정하는 것이었죠.

물론, 아이디어였을 뿐 정말 그런지 실험해 봐야 했어요. 이번에도 안드라카는 용기를 잃지 않고 췌장암 연구와 관련 있는 200여 명의 교수들에게 연구 실험실을 지원해 달라는 편지를 보냈어요. 그러나 모두 거절당했어요. 딱 한 명, 존스 홉킨스 대학의 아니르반 마이트라(Anirban Maitra)라는 췌장암 연구센터의 교수만 제외하고요. 마이트라 교수는 존을 적극적으로 지원해 주고 응원해 줬어요.

잭은 그 뒤로도 많은 우여곡절을 거쳐 췌장암 조기진단기를 완성했어요. 검사는 5분이 채 걸리지 않았고, 췌장암을 진단할 수 있는 그 종이는 원가가 5센트 정도밖에 되지 않았어요. 결국, 존은 세계 최고의 청소년 발명대회인 2012년 인텔 과학기술 경진 대회(ISEF)에서 대상인 '고드 무어 상'을 받게 됐어요.

자, 잭이 발명한 과정을 보니 어떤가요? 따라 하기엔 너무 힘들 것 같아 겁이 나나요? 그러나 이런 노력으로 수많은 사람들의 건강과 더 많은 사람들의 행복을 지켰다는 걸 알면 오히려 힘이 날 거예요. 나의 소중한 사람들을 지키고 나아가 세상을 이롭게 할 창의력을 가진 여러분이 되길 기도할게요!

상상
이상

미래
세상

초판 1쇄 발행 2021년 12월 25일
초판 4쇄 발행 2023년 04월 11일

지은이 | 편석준
발행인 | 이선애

디자인 | 채민지
책임편집 | 박지선
일러스트 | 이지은

발행처 | 도서출판 레드우드
출판신고 | 2014년 07월 10일(제25100-2019-000033호)
주소 | 서울시 구로구 항동로 72, 하버라인 402동 901호
전화 | 070-8804-1030 팩스 | 0504-493-4078
이메일 | redwoods88@naver.com
블로그 | blog.naver.com/redwoods88

값은 뒤표지에 있습니다.
ISBN 979-11-87705-31-4 43500

이 책은 산업통상자원부의 지원을 받아 NAEK 한국공학한림원과 레드우드출판사가 발간합니다.

+ 당신의 상상이 한 권의 소중한 책이 됩니다.
지혜를 나눌 분은 원고와 아이디어를 redwoods88@naver.com으로 보내 주세요.